Benz
Die Zukunft des
Universums

Wüssten wir wahrzunehmen, wer weiß,
ob das Wahre nicht hie und da
doch im Wirklichen erschiene.

Kurt Marti, 1995

Arnold Benz

Die Zukunft des Universums

Zufall, Chaos, Gott?

Patmos Verlag Düsseldorf

Für unsere Kinder Renate, Christoph, Pascal und Simon
zum Anfang des neuen Jahrtausends

Die Deutsche Bibliothek – CIP-Einheitsaufnahme

Benz, Arnold:
Die Zukunft des Universums : Zufall, Chaos, Gott? / Arnold Benz. –
2. Aufl. – Düsseldorf : Patmos-Verl., 1998
ISBN 3-491-72376-0

2. Auflage 1998
Umschlagbild:Sonnenscheibe während der totalen Sonnenfinsternis
von 1991. © Starlight/Agentur Focus
Satz: Josefine Urban, Kompetenz-Center, Düsseldorf
Druck und Bindung: Lengericher Handelsdruckerei, Lengerich
ISBN 3-491-72376-0

Inhalt

Einleitung

Als junger Physikstudent hörte ich zum ersten Mal vom Theologen Karl Barth, der postulierte, Naturwissenschaft und Glaube hätten nichts, aber auch gar nichts miteinander zu tun. Wie diese These zu mir drang, weiß ich nicht mehr, aber ich erinnere mich an das Gefühl, das sie in mir hervorrief, als sei es gestern gewesen: Ich fühlte mich befreit vom Zwang der Gottesbeweise. Denn die Argumente einer sogenannten natürlichen Theologie, die aus Erkenntnissen über die Natur Gottes Existenz beweisen und seine Eigenschaften ergründen will, fand ich bemühend, unaufrichtig und vereinnahmend. Und nun sagte ein Theologe, dass Gott »ganz anders« sei und dass man ihn nicht wie den Energiesatz aus Messungen und Beobachtungen herleiten könne. Genau das entsprach auch meinem Empfinden angesichts der täglichen Flut von Formeln und Experimenten. Was ist dann aber dieser Gott? Ist Gott in unserer naturwissenschaftlich geprägten Zeit überhaupt noch denkbar? Diese Fragen haben mich weiterhin beschäftigt, und um sie geht es in diesem Buch.

Die Trennung von Theologie und Naturwissenschaft hat sich zumindest von Seiten der Theologie durchgesetzt. Die großen Dispute, verbunden mit den Namen Galilei und Darwin, sind in den Hörsälen verklungen. Galilei ist rehabilitiert. Es gelten die Regeln der höflichen Distanz.

Dennoch taucht das Wort Gott in allgemein verständlichen Werken über die moderne Physik wieder vermehrt auf. Der Begriff erscheint dort meistens im Zusammenhang mit ungelösten Fragen der Kosmologie, des Lebens, des menschlichen Bewusstseins oder der physikalischen Wirklichkeit, welche heute die großen Rätsel der Natur und die Leitziele der naturwissenschaftlichen Forschung darstellen. Diese zwar naheliegenden Berührungsorte haben aber den Dialog nicht in Fahrt gebracht und sind offensichtlich nicht die richtigen Startpunkte für Kontakte. Der Grund liegt darin, dass von physikalischer Seite[1] häufig ein Gottesbild der natürlichen Theologie vorausgesetzt wird, von dem sich die heutigen Theologinnen und Theologen längst distanziert haben. Vermehrt gibt es auch von der Theologie her wieder Interesse an der anderen Seite, nicht zuletzt, weil sich ethische und weltanschauliche Werte heute nur in einer Sprache vermitteln lassen, welche die Naturwissenschaften einbezieht. Auch ist die Vorstellung tief in der religiösen Tradition verwurzelt von einem, wenn vielleicht auch nicht erkennbaren gemeinsamen Ganzen der Wirklichkeit.

Es ist nicht das Ziel dieses kleinen Buches, eine vereinheitlichte Theorie von Glaube und Naturwissenschaft zu entwerfen. Die beiden Bereiche menschlicher Erfahrung, will man sie beide ernst nehmen, sperren sich gegen nahtlose Übergänge und völlige Harmonisierung. Die Grenze bleibt bestehen, aber sie soll überschritten werden. Dabei müssen die Regeln im jeweiligen Gebiet beachtet werden. Ist diese meine abenteuerliche Exkursion in fremdes Territorium nicht ein halsbrecherisches Unterfangen? Sollten Naturwissenschaftler ihre bescheidenen und oft laienhaften Einsichten in Kultur und Religion nicht besser für sich behalten? Solche Fragen und Bedenken habe ich viele gehabt, aber schließlich hinter mir gelassen, denn sie versperren wie Grenzwälle die Sicht aus dem eigenen Gebiet und auf die eigentliche Aufgabe in der Gesellschaft: Die Naturwissenschaft hat in den vergangenen vierhundert Jahren grundlegende Umwälzungen im menschlichen Selbstverständnis und in unserer Gesellschaft bewirkt

[1] Als Beispiel unter vielen sei P. Davies, *Gott und die moderne Physik,* München 1986, S. 15, erwähnt, der auf jegliche religiöse Erfahrungen verzichtet und ein Konzept für den Begriff »Gott« aufgrund physikalischer Theorien und in Analogie zum menschlichen Verstand entwickelt. Konsequenterweise findet er, dass »die Naturwissenschaft einen sichereren Zugang zu Gott (bietet) als die Religion«.

und verändert sie weiter. Naturwissenschaftlerinnen und Naturwissenschaftler können sich aus ihrer Verantwortung dafür nicht herausstehlen. Sie sind aufgerufen, ihre subjektiven und auch vorläufigen Ansichten preiszugeben.

Bei meinen häufigen populärwissenschaftlichen Vorträgen fällt mir auf, wie Zuhörerinnen und Zuhörer mir nach den präsentierten Fakten und Zahlen unbeirrt weltanschauliche und religiöse Fragen stellen. Beim Hinausgehen sagte mir einmal ein junger Mann: »Wenn das Universum so groß ist, wie Sie es dargestellt haben, muss Gott ja noch viel größer sein.« Nicht die subtilen Probleme der Sternentwicklung noch die ungelösten Fragen der Galaxien-Entstehung haben ihn berührt, sondern eine Glaubensfrage, über die ich kein Wort verloren hatte. Wenn Fachleute ihr Wissen rational vortragen, fühlen sich Laien durch dieses Wissen oft *existentiell* angesprochen und erleben ihr Ich als einen Teil des Kosmos. Einige entwickeln sogar eine persönliche Beziehung zu den Himmelskörpern. Sie wollen nicht nur ursächliche Erklärungen der Naturphänomene hören, sondern wünschen eine emotionale Verbindung, ein kommunikatives Erlebnis mit dem Kosmos oder möchten ganz einfach staunen.

Ich gehe in diesem Buch von der Annahme aus, dass Glaube und Naturwissenschaft zwei verschiedene Wege sind, Wirklichkeit zu erfahren. Mit Karl Barth bin ich auch heute noch der Meinung, dass sich Glaubensaussagen und wissenschaftliche Theorien nicht in ein direktes Verhältnis setzen lassen: Das eine folgt nicht zwingend aus dem anderen, das eine kann das andere weder beweisen noch widerlegen. Beide beruhen auf menschlichen Erfahrungen, keines kann sich als die volle Wahrheit ausgeben. Glaube und Naturwissenschaft bewegen sich auf verschiedenen Ebenen, die sich nicht schneiden. Von einer übergeordneten Warte aus, mathematisch gesagt in einem Metaraum, können sie jedoch eingeordnet und von einem beidseitig aufgeschlossenen Betrachter in Beziehung gebracht werden.

In diesem Buch sollen beide, Glaube und Naturwissenschaft, ernst genommen werden. Mit *Glaube* meine ich die je persönliche Verfahrensweise, Gott, die Welt und die eigene menschliche Existenz in Verbindung zu bringen. Ich bediene mich dabei des Religionssystems des Christentums, dessen theologische Konzepte mir wichtige Werkzeuge und tiefe Erkenntnisse liefern. Ernst nehmen bedeutet hier, dass ich mich nicht nur auf die mir in meiner Jugend vermittelten Kenntnisse verlasse, sondern mich nach Möglichkeit auf den neusten Stand der Theologie beziehe. Damit grenze ich mich auch ab gegen eine ganze Reihe von Physikern vor allem aus dem angelsächsischen Bereich, welche Religion auf eine bescheidene Metaphysik reduzieren, um Fragen zu beantworten, auf welche die Naturwissenschaft keine Antwort weiß, oder auch nur, um dann zu zeigen, dass es diesen metaphysischen Gott nicht braucht. Unausgesprochen übernehmen sie damit ein Gottesbild der Aufklärung, welches weder das einzig mögliche noch ein theologisch zeitgemäßes ist.

Auch die *Naturwissenschaft* will ernst genommen werden. Wenngleich wir seit Karl Popper wissen, dass alle naturwissenschaftliche Erkenntnis und alle Theorien falsifizierbar und vielleicht mit Irrtum behaftet sind, bewähren sie sich doch gut genug, um auf den Mond zu fliegen und gesund zurückzukehren. Die Naturwissenschaft lässt sich ihre Wirksamkeit nicht nehmen; es sei auch an ihre bisweilen gefährlichen Anwendungen in der Atom- und Gentechnologie erinnert. Eine andere Art des Nichternstnehmens ist das Herauspicken jener naturwissenschaftlichen Befunde, welche mit vorgefaßten Meinungen scheinbar verträglich sind. Das Ausblenden missliebiger Teile ist dabei keineswegs auf fundamentalistische Kreise beschränkt.

In diesem Buch wird die These vertreten, dass es sinnlos ist, Gott im ersten Augenblick des Urknalls zu suchen. Die meisten uns wichtigen Dinge sind erst nachher und nicht deterministisch aus den Anfangsbedingungen entstanden. Ich bezweifle auch, dass Gott in den Beobachtungen und Gleichungen der Naturwissenschaft erscheinen kann, nicht einmal in einer der noch bestehenden Erklärungslücken. Gotteserfahrungen verlangen vielmehr eine ganz andere Art der Wahrnehmung als die naturwissenschaftliche Forschung.

Beim Schreiben habe ich an Leserinnen und Leser gedacht, die fasziniert sind von der überwältigenden Fülle neuer Erkenntnisse der Naturwissenschaft unserer Tage, aber weder auf dem allerneusten Wissensstand sind, noch alle Details erfahren wollen. Mein vorgestelltes Gegenüber interessiert sich auch für unsere hergebrachte Kultur und insbesondere ihren Kern, die Religion, die angesichts der weltweiten kulturellen Umwälzungen nicht konserviert, sondern neu entdeckt werden muss. Ich habe versucht, kein Fachwissen vorauszusetzen. Wo Fachwörter nicht näher erklärt werden, ist anzunehmen, dass ihre lexikalische Bedeutung unwichtig ist oder in einem späteren Zusammenhang eingeführt wird. Zuweilen habe ich auch mit mir selber als Gegenüber gesprochen und vielleicht am meisten dabei gelernt. Wenn ich davon etwas zum Nachdenken oder zur Diskussion weitergeben kann, freut es mich.

Es geht hier nicht um erkenntnistheoretische Unverbindlichkeiten. Echte Religion betrifft den innersten Bereich des Menschen, ansonsten bleibt sie eine belanglose Metaphysik. Ich bin mir bewusst, dass ich mit diesem sehr persönlichen Buch den sicheren Konsens abgeschlossener Wissenschaftskommunitäten verlasse, und lade Sie, liebe Leserin und lieber Leser, ein, mich auf dieser Reise in kaum erforschtes und doch menschlich naheliegendes Grenzgebiet zu begleiten. Die Vermittlung zwischen den beiden Wahrnehmungsebenen von Naturwissenschaft und Religion ist wohl das größte geistige Abenteuer unserer Zeit. Dabei geht es darum, sich in der modernen Welt zu orientieren, dem Sinn des Ganzen nachzuspüren, um dadurch das riesige, von den Naturwissenschaften prospektierte Neuland geistig zu kultivieren und damit erst für uns Menschen bewohnbar zu machen. Es ist eine Reise der verschiedenen Wahrnehmungen, die uns auch an den Graben führen wird, der Glaube und Naturwissenschaft trennt. Im Mittelpunkt steht die entscheidende Frage: Was haben wir von der Zukunft zu erwarten und zu erhoffen?

1. Teil

Universum, Zeit und Schöpfung

Eine Nacht am Very Large Array

Es geht nichts mehr, ich muss weg. Wir haben den ganzen Tag versucht, mit dem Very Large Array[2] Radiowellen des engen Doppelsterns EM Cygni zu empfangen. Die Quelle ist schwach, und noch weiß ich nicht, ob das Interferometer das Sternsystem überhaupt entdeckt hat. In klimatisierten Räumen ohne Fenster irgendwo im amerikanischen Bundesstaat New Mexico haben wir Millionen von Zahlen eingelesen, kontrolliert, geeicht, addiert, transformiert, auf Band gesichert, Fehler gemacht, wieder neu begonnen und haben immer noch kein Bild. LISTR, FILLM, UVLOD, UCAT, SETJY, MX – die Computerprogramme schwirren mir durch den Kopf.

Mit dem Besucherwagen fahre ich allein gegen Süden, bis kein Teleskop, kein Strommast mehr zu sehen ist, und steige aus. Es ist eine mondlose Nacht, ich gehe gemächlich bergauf.

Als sich die Augen ans Dunkel gewöhnen, sehe ich die grandiose San Antonio Ebene mit den Bergen am Horizont. Horizont? Darüber wölbt sich ein prachtvoller Sternenhimmel, wie man ihn nur in der Wüste und in den Bergen erlebt. Nein, mein Horizont ist weiter weg: Noch leuchtet Cygnus im Westen, das Sternbild des Schwans. Darin müssen irgendwo meine beiden Sterne sein in rund tausend Lichtjahren Entfernung und mit Leuchtstärke 14,2 – fürs Auge nicht sichtbar. Ich kann sie mir gut vorstellen: Der winzige, grell leuchtende Weiße Zwerg, so groß wie die Erde, ist umgeben von einer Akkretionsscheibe und erinnert an Saturn. Die Farbe der Scheibe ist

[2] Um die räumliche Auflösung und die Empfindlichkeit von Radioteleskopen zu steigern, werden einzelne Teleskope zu Interferometern zusammengekoppelt. Das bedeutendste und weltgrößte dieser Art ist das Very Large Array, das aus 27 Teleskopen besteht, verteilt über eine Fläche mit 42 Kilometer Durchmesser.

innen grell violett und geht nach außen wie beim Regenbogen über Blau und Grün zu Rot. Unweit daneben, im Abstand von Erde und Mond, kreist ein tausendmal größerer, von der mächtigen Anziehung des Zwergs etwas verformter, rötlicher Begleiter, von dem dauernd Materie auf die Scheibe fällt, die sie wiederum an den Zwerg verliert. Viele andere Sterne sind in dieser Himmelsgegend. Der Schwan liegt in der von Sternen funkelnden Milchstraße. Mein Fachwissen sagt mir, dass das Auge nur dreitausend Sterne unterscheiden kann, aber ich ahne, dass es Milliarden sind.

Ich komme zum Gipfel, gespannt darauf, die andere Seite zu sehen und eine vielleicht ganz andere Sicht zu erleben.

Das Zentrum der Milchstraße liegt etwas unter dem Schwan und ist bereits untergegangen. Die zweihundert Milliarden Sterne unserer Galaxie drehen sich um dieses Zentrum wie auf einem Karussell. Ich glaube zu fühlen, wie ich zusammen mit dem Sonnensystem und den Nachbarsternen mit der rasenden Geschwindigkeit von über zweihundert Kilometern pro Sekunde gegen Westen genau auf diesen Schwan zufliege.

Zweihundertvierzig Millionen Jahre braucht die Sonne für einen Umlauf in der Milchstraße, für ein »galaktisches Jahr«. Als sie das letzte Mal ihre jetzige Stelle durchflog, löste auf der Erde die Triaszeit eben die Permzeit ab, und nach einer Eiszeit und großen Überflutungen begannen sich die Dinosaurier gerade erst zu entwickeln. Das Karussell beginnt sich zu drehen. Jahrzehnte, meine Lebenszeit und zukünftige Jahrhunderte fliegen dahin. Bis zur nächsten Jahrtausendwende wird sich die Milchstraße noch nicht stark ändern. Nach einer Million Jahren wird das Sonnensystem ungefähr dort sein, wo jetzt EM Cygni steht. Der kleine Weiße Zwerg wird dann von seinem Begleiter schon so weit gefüttert sein, dass er als Supernova explodiert. Natürlich sind die beiden dann nicht mehr an der gleichen Stelle. Sie haben sich mitgedreht. Aber wenige Millionen Jahre später explodiert unser Nachbarstern Sirius. Auf dem Karussell regt es sich, die Mitreiter verändern sich, verschwinden, neue entstehen. Bunte Gasnebel tauchen auf und werden zu Sternhaufen. Es ist ein einziges Kommen und Gehen. Durch die Entwicklung der Sterne häufen sich die schweren chemischen Elemente immer mehr an, und die Farben wechseln. Die Milchstraße selbst verändert sich. Ihre Spiralstruktur mit den beiden Hauptarmen öffnet sich, Spiralsegmente entstehen und vergehen. Nach vielen Umläufen wird die Scheibe flacher und kontrahiert. Ich fühle mich in den Strudel hineingerissen und werde ein Teil der gewaltigen Dynamik. Meine innere Uhr scheint nach einer anderen Zeit zu laufen, synchron mit der Milchstraße. Ich bin klein gegen die stellaren Riesen und gleichzeitig groß in meinem Geist, dem dieses Schauspiel bewusst wird. Aber die Größe spielt eigentlich gar keine Rolle mehr, denn ich bin eins mit dem Universum. Für einen Augenblick spüre ich die Grenze meiner Person fallen; der Intellekt, der den ganzen Tag im selben Hirnwinkel verbracht hat, scheint sich grenzenlos auszubreiten. Ich bin mit der Natur versöhnt und muss ihr keine Geheimnisse entreißen. Das staunende Ah ist meine sprachlose Antwort in diesem Dialog mit dem All. Für einen Augenblick trennen mich keine objektivierende Distanz und kein Erklärungsdrang vom Ganzen.

Bergab gehend frage ich mich, was am Erlebten wirklich war. Was bedeuten diese Gefühle, dieses mystische Verschmelzen? Fraglos hat das Erlebnis etwas bewirkt, denn ich bin verändert, glücklich, auch neu motiviert zur wissenschaftlichen Arbeit von morgen. Diese psychische Realität ist objektiv feststellbar und lässt sich nicht abstreiten.

War da noch mehr als nur Sterne, Galaxien und das Universum? War das eine Gotteserfahrung? Worin unterscheidet sich eine Gotteserfahrung von anderen Erfahrungen? Merkwürdigerweise stellten sich diese Fragen erst im Nachhinein, in der Reflexion des Verstandes. Sie waren im Moment des Erlebens nicht wichtig.

Die Zeit der Sterne

Die Astronomie ist im 20. Jahrhundert von einer beschreibenden Wissenschaft (*némein* gr. = zuteilen, verwalten) zur erklärenden Astrophysik geworden. Heute will sie die Geschichte des Kosmos verstehen. Es geht um die Fragen: Wie sind die Objekte des Universums geworden, und wie ist das Universum selber entstanden? Dieses Kapitel soll zeigen, wie die

Abbildung 1: In sechzehnhundert Lichtjahren Entfernung, entlang des lokalen Spiralarms, liegt der Orion Nebel. Dieses Gebiet mit hoher interstellarer Gasdichte wird durch einige sehr helle, große Sterne zum Leuchten angeregt. Neue Sterne sind in der dunklen Molekülwolke links unten am Entstehen (Foto: Hale Observatorien).

Astrophysik zu ihren Erklärungen kommt. Am Beispiel der Sterne wird dargestellt, wie sich der Kosmos entwickelt.

Die Beobachtungsmöglichkeiten der Astronomie haben sich in den letzten Jahren vervielfacht. Radiowellen und Infrarotstrahlung durchdringen das interstellare Gas, aus dem Sterne entstehen, und zeigen Geburtsbilder von Sternen. Stern- und Gasbewegungen werden heute auf wenige Meter pro Sekunde genau gemessen. Weltraumteleskope produzieren Bilder in noch nie dagewesener Schärfe und fangen ultraviolettes Licht und Röntgenstrahlen aus dem Weltall auf. Interkontinentale Radiointerferometrie sieht räumliche Details bis zu einem Tausendstel einer Bogensekunde scharf. Aus hundert Kilometer Distanz betrachtet könnte man mit dieser Auflösung die Haare auf dem Kopf eines Menschen zählen, und auf dem Mond würde man Astronauten erkennen.

Die Astrophysik hat in den vergangenen Jahren begonnen zu verstehen, wie Sterne entstehen und vergehen. Sie erkennt in Sternen nicht ewige Gebilde ohne zeitlichen Wandel, sondern den Glanz energetischer Abläufe ungeheuren Ausmaßes. Die Entstehungs- und Verweilzeit von Sternen misst man in Millionen und Milliarden von Jahren. Aus der Verschmelzung von Wasserstoff zu Helium und im Spätstadium zu schwereren Elementen bezieht ein Stern seine Energie. Je nach Größe geben Sterne einen beträchtlichen Teil der Masse im Laufe ihrer Entwicklung wieder ans interstellare Gas in der Milchstraße zurück. Daher ist ein Stern nicht ein rein lokaler Prozess. Sterne verändern unsere Milchstraße und damit das Umfeld zukünftiger Sterngenerationen. In der Physik der Sterne hat der Faktor Zeit eine eigentümliche Dynamik erhalten.

Die Entwicklungszeit der Sterne übersteigt das menschliche Maß bei weitem und zwingt die Astronomie, den zeitlichen Verlauf aus Momentaufnahmen herzuleiten. Zum Teil gruppieren sich Sterne zu Sternhaufen mit Hunderten bis Millionen von Sternen, die innerhalb weniger Jahrmillionen, also für astronomische Verhältnisse praktisch gleichzeitig, entstanden sind. Ein Sternhaufen ist daher einer Schulklasse von Kindern vergleichbar, die gleichaltrig, aber in Größe und Entwicklung verschieden sind. In Sternhaufen beobachtet man, dass sich größere Sterne schneller entwickeln. Interessanterweise fehlen zum Beispiel, je nach Alter des Haufens, die großen Sterne ab einer gewissen Masse. Was aus ihnen geworden ist, soll im Folgenden geschildert werden.

Ein Stern entsteht

In unserer Milchstraße beginnen gegenwärtig pro Jahr etwa zehn Protosterne mit der Wasserstoffverschmelzung. Die Geburt von Sternen und ihre Vorgeschichte dauern rund zehn Millionen Jahre, und rund hundert Millionen Sterne sind folglich in unserer astronomischen Nachbarschaft am Entstehen. Im Ganzen umfasst die Milchstraße heute etwa zweihundert Milliarden Sterne. Es gibt Hunderte von Milliarden ähnlicher Sternansammlungen im Universum, die man Galaxien nennt nach dem griechischen Wort *galaxis* für Milchstraße.

Sterne entstehen in interstellaren Molekülwolken, die für ihre wunderschönen, wolkenartigen Dunkelstrukturen bekannt sind. Das Gas dieser Nebel ist so dünn, dass nur tausend Atome oder weniger in einem Kubikzentimeter enthalten sind. Gelegentlich kann die Dichte auch tausend Mal höher sein, aber sie ist dann immer noch etwa eine Billion Mal geringer als in irdischen Wolken. Die Dichte des interstellaren Gases ist auch um viele Zehnerpotenzen geringer als das dünnste Vakuum in irdischen Labors. An Orten, wo das Gas dichter ist als nebenan, zieht die Schwerkraft der Dichtefluktuation das umgebende Gas an. Dadurch wird die Verdichtung stärker und verleibt sich noch weiteres Gas ein. Der Prozess verstärkt sich selber. Andere, kleinere Fluktuationen werden von größeren verschluckt oder vereinen sich. Es gilt das Gesetz der Raubfische: Die Großen fressen die Kleinen. Die anfänglichen Bewegungen im kontrahierenden Gas sind zufällig und mitteln sich

Abbildung 2: In Molekülwolken mit einigen hundert Lichtjahren Durchmesser, hier im Adlernebel, bilden sich Verdichtungen, aus denen Sterne entstehen. Oben rechts gibt es bereits helle Sterne. Sie heizen das interstellare Gas und blasen es aus ihrer Umgebung weg. Verdichtungskerne widerstehen dem Druck und ragen aus dem heutigen Wolkenrand heraus (Foto: NASA).

größtenteils, aber nicht ganz heraus. Der Rest geht in einer gemächlichen Kreisbewegung auf, die sich im Laufe der Kontraktion beschleunigt wie bei der Pirouette einer Eiskunstläuferin. Es bildet sich ein Wirbel, der immer schneller rotiert, je mehr er sich zusammenzieht. Der Drehimpuls des Wirbels zwingt die Gasmasse in die Form einer rotierenden Scheibe. Diese sogenannten Akkretionsscheiben[3] sind typisch für entstehende Himmelskörper.

[3] Auch der Saturnring aus Eis- und Felsbrocken ist im Grunde eine Akkretionsscheibe. Sie ist in ihrer Entwicklung stehen geblieben, da keine innere Reibung vorhanden ist, die den Drehimpuls ableitet und das Fortschreiten der Kontraktion ermöglicht.

Nach zehn Millionen Jahren werden Temperatur und Dichte im Kern so groß, dass die Fusion von Wasserstoff zu Helium einsetzt und Kernenergie in einem gewaltigen Ausmaß entfesselt wird. Der zusätzliche Gasdruck, der durch die neue Energiequelle entsteht, stoppt die Kontraktion. Im innersten Teil des Wirbels bildet sich ein Gleichgewicht zwischen Schwerkraft und Gasdruck: Der Stern ist geboren. Noch sind von ihm nur Infrarot- und Radiowellen zu empfangen. Das umgebende dichte Gas absorbiert das optische Licht vollständig und wird dabei aufgeheizt. Diese heiße Atmosphäre des jungen Sterns verhindert das weitere Anwachsen und damit die Bildung eines übermäßig massiven Sterns. Aus diesem Grund übertrifft die Masse des größten bekannten Sterns den kleinsten nur um den Faktor tausend. Es dauert noch einige Jahrmillionen, bis die Hülle des überschüssigen Gases wie der Kokon einer Raupe vollends abgeworfen wird, so dass der Stern nun auch optisch sichtbar wird. Aus dem abgestoßenen Gas entstehen weitere Sterne, unter Umständen ein ganzer Sternhaufen.

Die Entstehung eines Sterns ist ein gutes Beispiel für einen *sich selbst organisierenden Prozess,* der ohne direkten äußeren Einfluß beginnt und sich chaotisch entwickelt. Der Begriff Chaos[4] wird in Kapitel 4.2 erklärt und bedeutet, dass man die Detailentwicklung nicht für längere Zeit voraussagen kann. Die Sternentstehung wird von der eigenen Gravitationsenergie angetrieben und entledigt sich ihrer Abwärme in Form von Wärmestrahlung. Schließlich stabilisiert sich der Kontrak-

[4] Im antik-religiösen Sprachgebrauch, der hier nicht gemeint ist, bedeutet Chaos das schlechthin Bedrohende der kosmischen Ordnung. Aus Chaos ist sie entstanden, und ins Chaos droht sie wieder zu versinken. Das physikalische Chaos hingegen steht dem philosophischen Begriff der Kontingenz näher, mit dem Ereignisse, ob gute oder schlechte, bezeichnet werden, die nicht notwendigerweise eintreten. Der physikalische Chaosbegriff ist als Gegensatz zum früheren Bild einer geordneten, exakt voraus berechenbaren Welt entstanden. Die Unmöglichkeit einer Prognose, welche das Wissen um die Zukunft und die technische Anwendbarkeit beschränkt, ist von der alten Physik her betrachtet ein Bruch von Ordnung, daher Chaos.

tionsvorgang als Protostern, den man als Sättigungszustand oder mathematisch als *Attraktor* von Verdichtungen in interstellaren Molekülwolken bezeichnen könnte. Er ist der vorläufige Gleichgewichtszustand, auf den alle Sternentwicklungen hinlaufen.

Auch nachdem ein Stern entstanden ist, entwickelt er sich weiter. Rund hundert Lichtjahre von uns entfernt liegt zum Beispiel EK Draconis, ein junger Bruder der Sonne. Dieser Stern von der gleichen Masse und ähnlichem inneren Aufbau ist erst siebzig Millionen Jahre alt. Er unterscheidet sich wesentlich von der 4,6 Milliarden Jahre alten Sonne durch seine viel größere Aktivität. Gewaltige Eruptionen erschüttern ihn fast pausenlos, und eine zehn Millionen Grad heiße Korona umgibt ihn, deren Ultraviolettstrahlung hundertmal stärker ist als jene der Sonne. Beides wird von starken Magnetfeldern verursacht, welche durch die kurze Rotationsdauer von nur 2,8 Tagen entstehen. Der Energieverlust bremst die Rotation, so dass die Sonne heute gut zehnmal langsamer dreht als der quirlige EK Draconis. Die ebenso intensive UV-Strahlung der Sonne in jüngeren Jahren hat vermutlich die biologische Entwicklung auf der Erde zunächst ermöglicht und später maßgeblich beeinflußt. Viele der höher entwickelten Lebewesen einschließlich der Menschen wären dagegen jener Strahlenbelastung nicht mehr gewachsen. Zum Glück ist die Sonne nicht stehen geblieben und hat sich weiter entwickelt. Allerdings werden wir im folgenden Unterkapitel und einem späteren Kapitel sehen, wie die Entwicklung weitergehen und die Erde langfristig unbewohnbar machen wird.

Das Endstadium eines Sterns

In weiteren 4,8 Milliarden Jahren wird die Sonne dem Stern Beta Hydri ähnlich sein. Obwohl nur zwanzig Lichtjahre entfernt, kann man auf ihm keine Anzeichen von Aktivität mehr entdecken. Der Stern hat bereits etwa zwanzig Prozent seines

Wasserstoffvorrats verbraucht und ist 1,6 mal so groß wie die Sonne. Weil sich die Brennzone von ihrem ursprünglichen Platz im Zentrum des Sterns nach außen verschob, änderte sich der Aufbau des Sterns. Der Kern wurde dichter, so dass der Stern jetzt mehr Wärme produziert als die Sonne. Die Sternoberfläche hat sich deswegen ausgedehnt. Sobald ein noch etwas größerer Teil des Wasserstoffs verbraucht ist, wird der Stern so groß, dass sich die Oberfläche abkühlt und rot wird. Der alternde Stern wird ein Roter Riese. In der Atmosphäre Roter Riesen herrscht Überdruck, der einen starken Stern-

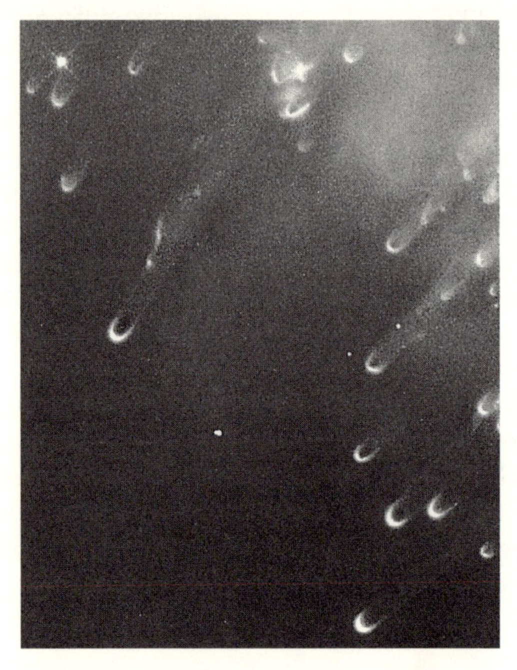

Abbildung 3: Wenn Sterne ihre äusseren Schichten abwerfen, bleiben kühle Verdichtungen etwas zurück. Das Bild zeigt solche »kometarischen Knoten« eines planetarischen Nebels. In ihnen bilden sich vermutlich interstellare Staubteilchen (Foto: NASA).

wind[5] antreibt. Manchmal verliert der Stern ganze Schichten seiner Atmosphäre. Diese dehnen sich im Laufe der Zeit aus und bilden Kugelschalen, welche farbenprächtige sogenannte planetarische Nebel bilden; sie haben jedoch nichts mit Planeten zu tun. Im Kern wird nun die Heliumschlacke zum Brennstoff eines neuen nuklearen Feuers, in dem Helium zu schwereren Elementen wie Kohlenstoff, Stickstoff und Sauerstoff verschmilzt. Nach einigen weiteren zehn Millionen Jahren schrumpfen Rote Riesen zu Weißen Zwergen. Die bildhaften Namen sollen nicht zur Annahme verleiten, es handle sich um eine niedliche Märchenwelt; die Oberfläche eines Weißen Zwergs wird über zehntausend Grad heiß und ist daher von weißer Farbe. Weiße Zwerge kühlen über einen Zeitraum von vielen Billionen Jahren langsam aus.

Die Entwicklung von Sternen, die massiver als die Sonne sind, läuft dramatischer ab. Weil der durch die Schwerkraft erzeugte Druck im Inneren höher ist, verschmelzen die Atomkerne viel schneller, und die Entwicklung bleibt nicht bei Sauerstoff stehen. Immer schwerere Elemente bilden sich, zum Beispiel Silizium und Magnesium. Ist der Stern genügend massereich, geht die Nukleosynthese bis hin zu Eisen. Der Stern hat in dieser Entwicklungsstufe eine Zwiebelschalen-Struktur. Unter der äußersten Wasserstoffschicht liegen Schalen von Helium, Kohlenstoff, Silizium usw., wo je die entsprechenden Kernreaktionen stattfinden. Diese Prozesse liefern zwar nicht mehr viel Energie, sind aber wichtig für die chemische Entwicklung des Universums. Alte Sterne sind wie Druckkochtöpfe, in denen die schweren Elemente gebraut werden. Sie sind die einzigen Entstehungsorte dieser wichtigen Aufbaustoffe von Planeten und Lebewesen. In ihrer Spätphase entfesseln massive Sterne äußerst starke Sternwinde, die

[5] Die meisten Sterne, auch die Sonne, verlieren dauernd Gas, das mit hoher Geschwindigkeit in den Weltraum abströmt, den Sternwind. Der Sonnenwind strömt an der Erde vorbei und vermischt sich etwa hundertmal weiter außen mit dem interstellaren Gas.

nur wenige tausend Grad warm und genügend dicht sind, dass sich aus Kohlenstoffatomen und anderen schweren Elementen Moleküle und sogar Staubteilchen bilden, die mitgerissen werden. Die Sterne rauchen auf diese Weise oft mehr als die Hälfte ihrer Masse in den interstellaren Raum hinaus. Der größte Teil des Kohlenstoffs, Stickstoffs und Sauerstoffs im Universum ist auf diese Weise entstanden und in Umlauf gebracht worden.

Abbildung 4: Im Sternhaufen des Siebengestirns (Plejaden) sind alle Sterne rund siebzig Millionen Jahre alt. Das interstellare Gas wurde bis auf wenige Überreste von jungen Sternen weggeblasen. In ihrem Sternwind haben sich Staubteilchen gebildet. Sie bleiben zurück als zirrenartige Schleier, die im Sternlicht leuchten (Foto: Mount Palomar).

Nachdem der massereiche Stern auch noch diese neuen Energiereserven der Nukleosynthese verbraucht hat, kontrahiert er weiter. Der Druck der Schwerkraft steigt so weit, bis ihn der Gasdruck nicht mehr aufwiegen kann. Der Stern bricht dann in seinem Inneren plötzlich zusammen. Noch im Zusammenfallen und unter riesigem Druck erschließt sich seine letzte Energiequelle. Nun können Atomkerne fast beliebiger Größe aufgebaut werden. Die meisten sind instabil und zerfallen sofort wieder, doch ist diese Implosion der einzige Augenblick, in dem Elemente schwerer als Eisen entstehen können. Alles Gold, Blei und Uran im Universum muss sich so gebildet haben.

Diese letzte Entladung der Kernkräfte geschieht in weniger als einer Sekunde und treibt den Gasdruck so hoch, dass der Stern als Supernova explodiert. Der größte Teil seiner Masse, ein hoch radioaktives Gas, wird in den Weltraum geschleudert. In unserer Milchstraße ereignet sich etwa eine Supernova pro Jahrhundert. Zurück bleibt ein Neutronenstern, eine Art riesiger Atomkern etwa von der Masse der Sonne, jedoch mit einem Durchmesser von nur zwanzig Kilometern. Hat er noch mehr als zweieinhalbmal diese Masse, fällt der Kern zusammen und bildet ein Schwarzes Loch[6], das heißt eine Region großer Schwerkraft, aus der nichts, selbst keine Strahlung mehr entweichen kann. Neutronensterne und Schwarze Löcher entwickeln sich praktisch nicht mehr weiter, sofern keine neue Materie zugeführt wird.

[6] Schwarze Löcher sind Regionen des Raumes mit immenser Materiedichte, deren große Schwerkraft genügt, alles zurückzuhalten. Kein Raumschiff, kein Elementarteilchen, nicht einmal ein Photon kann entweichen. Wenn ein Gegenstand weder strahlt noch lichtdurchlässig ist, erscheint er schwarz. Schwarze Löcher emittieren höchstens eine schwache Wärmestrahlung, die auf Grund eines quantenmechanischen Effekts postuliert wurde. Objekte dieser Art werden von den Gravitationstheorien, insbesondere von der Allgemeinen Relativitätstheorie als Endstadien der Sternentwicklung vorausgesagt. Ähnliche Gebilde aber mit Millionen von Sonnenmassen befinden sich vielleicht im Zentrum jeder Galaxie.

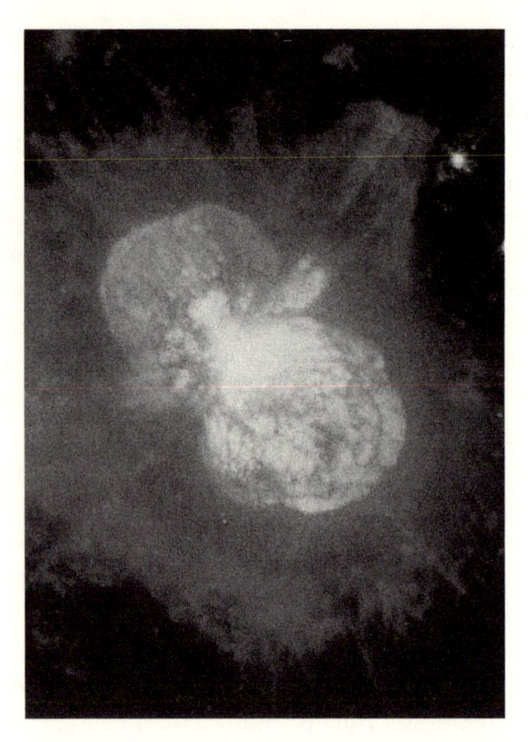

Abbildung 5: Eta Carina ist ein Stern mit hundertfünfzig Sonnenmassen und entwickelte sich entsprechend schnell innerhalb weniger Millionen Jahren. Die ihn umgebenden Wolken wurden bei einem von der Erde aus im Jahre 1843 beobachteten Ausbruch ausgestoßen und expandieren immer noch. Vielleicht ist der Stern schon vollends als Supernova explodiert, aber ihr Licht hat uns noch nicht erreicht (Foto: NASA).

Neue Generationen von Sternen

Es mag nicht überraschen, dass Sterne verlöschen und als Weiße Zwerge, Neutronensterne oder Schwarze Löcher unsichtbar durch die Milchstraße geistern, hat doch jeder Glanz und jede Energiefreisetzung irgendwann ein Ende. Aber gerade die Spätphase der Sterne ist erstaunlich kreativ. Sterne verlöschen nicht einfach vor sich hin wie eine Kerze, sondern geben einen großen Teil ihrer Materie wieder ins interstellare Gas zurück. Von Bedeutung ist, dass dieses Material nicht mehr der ursprüngliche, reine Wasserstoff mit etwas Helium aus der Urzeit des Universums ist, sondern ein mit schweren Elementen angereichertes Gas, das auch Staubkörner aus Wassereis, Kohlenstoff, Silikaten und Eisen einschließt. Sterne entstehen und vergehen nicht in einem ewigen Kreislauf, sondern verursachen eine chemische Veränderung und Entwicklung des interstellaren Gases.

Die Lebenszeiten der Sterne sind sehr unterschiedlich. Ein massereicher Stern mit der fünfzigfachen Sonnenmasse bleibt nur etwa eine Million Jahre in jenem Gleichgewicht, das die Kernfusion ermöglicht. Sterne mit der Masse der Sonne leben zehn Milliarden Jahre, und Sterne mit weniger als 0,8 Sonnenmassen leben länger als das gegenwärtige Alter des Universums. Diese kleinen Sterne aller Epochen der Milchstraße existieren daher alle noch und sind heute beobachtbar. Sie dokumentieren die galaktische Geschichte.

In jeder neuen Sterngeneration enden die massereichen Sterne als Supernovae und erhöhen den Anteil der schweren Elemente im interstellaren Gas, aus dem sich wieder neue Sterne bilden. Das ausgeworfene Material vieler Sterne wird dermaßen vermischt, dass es schwierig wäre, die Stammbäume von Sternen zu rekonstruieren. Ein Stern der jüngeren Generation enthält Beiträge von vielen alten Sternen. Während dieser Entwicklung leben die kleineren Sterne weiter. Ihre chemische Zusammensetzung ist eine fossile Aufzeichnung des Gaszustandes zur Zeit ihrer Geburt. Es wurden kleine, sehr alte Sterne gefunden mit einem zehntausendmal geringeren Metallanteil als die noch relativ jugendliche Sonne. Die Verschmelzungsprodukte aus den alten, zerfallenen Sternen verändern die Entwicklung der neuen Generation von Sternen. Sie beschleunigen zum Beispiel die nukleare Verschmelzung und verkürzen die Lebensdauer der späteren Generation von Sternen. Noch bedeutender für uns ist der

Staub, der im Gas eingebettet ist. Er schirmt das Gas gegen die starke Ultraviolettstrahlung benachbarter Sterne ab, welche die interstellare Wolke erwärmen würde. In den abgeschatteten, kühlen Winkeln können vermehrt auch kleinere Sterne von der Größe der Sonne entstehen, deren Bildung langsamer verläuft.

Verfolgen wir die Geschichte des Staubes weiter: Wenn die Sternwinde und Supernova-Auswürfe verlöschender Sterne sich mit dem interstellaren Gas treffen, kommt es zu Verdichtungen, die wiederum als Kondensationskeime neuer Sterne[7] dienen. In der zweiten oder höheren Generation von Sternen macht der Staub die anfängliche Kontraktion und Scheibenbildung mit. Wenn aber der Gasdruck und die Strahlung des jungen Sterns das überschüssige Material wegdrücken wollen, bleiben die trägeren Staubkörner zurück und bilden eine Staubscheibe um den jungen Stern, wie das häufig an der infraroten Wärmestrahlung solcher Gebilde beobachtet wird. Auch in Staubscheiben gibt es Verdichtungen, die aus Dichteschwankungen der Gaswolke entstanden sind, aber das Rennen gegen den etwas schneller wachsenden Protostern verloren haben. Diese Nebenkerne wirbeln mit der Scheibe um den Protostern und verleiben sich viele kleinere und kleinste Staubagglomerate ein, so dass sich schließlich daraus Planeten bilden. Bis sich die Staubteilchen zu Planeten formiert haben oder durch Nahbegegnungen mit Planeten in den interstellaren Raum hinausgeschleudert worden sind, dauert es rund hundert Millionen Jahre. Noch eine halbe Milliarde Jahre kommen die Planeten nicht zur Ruhe und werden intensiv von Kleinplaneten und interplanetaren Trümmern bombardiert. Nach dieser stürmischen Zeit entwickeln sich Planeten über Jahrmilliarden nur noch wenig, so dass sich unter

[7] Das Vorkommen radioaktiven Aluminiums in einer bestimmten Sorte von Meteoriten kann nur damit erklärt werden, dass etwa hundert Millionen Jahre vor der Bildung des Sonnensystems in unmittelbarer Nähe eine Supernova explodierte.

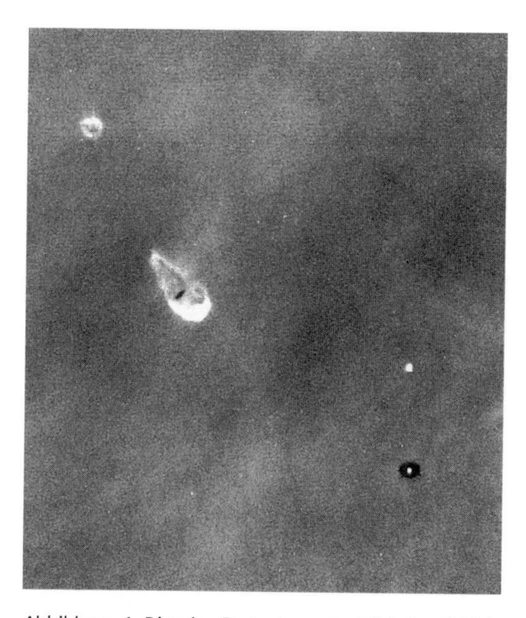

Abbildung 6: Die vier Protosterne im Bild des Hubble Teleskops sind im Alter je um einige hunderttausend Jahre verschieden. Am jüngsten ist das Objekt links oben im Bild, von dem ein heller, stark fokussierter Wind, ein sogenannter Ausfluss, auf uns zukommt. Im Objekt in der Mitte bewegen sich entgegengesetzte Ausflüsse nach links oben und rechts unten. Bereits hat sich senkrecht dazu eine protoplanetarische Scheibe gebildet. Weiter rechts sieht man eine Scheibe von oben mit dem jungen Stern in der Mitte. Darüber ist ein junger Stern zu sehen, der seine Scheibe bereits verloren oder in Planeten umgewandelt hat (Foto: NASA).

sehr speziellen Umständen vielleicht Leben auf ihnen entwickeln kann. Noch heute gibt es im Sonnensystem Staub, größere Felsbrocken sowie Kometen. Aufprallende Trümmer eines Kometen auf Jupiter haben 1994 von sich reden gemacht und ins Bewusstsein gerufen, dass die Planetenbildung noch nicht vollständig abgeschlossen ist. Die Erde wird weniger häufig von Kometen und großen Meteoriten heimgesucht, weil sie kleiner ist und mehr im Inneren des Sonnensystems

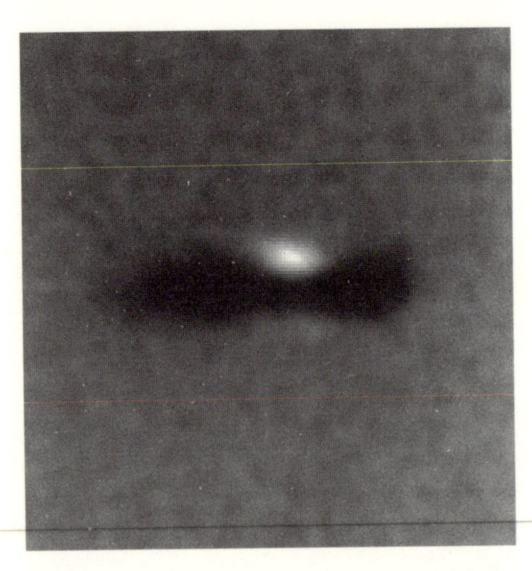

Abbildung 7: Eine dunkle, protoplanetare Scheibe umhüllt einen erst wenige Millionen Jahre alten Stern im Orion Nebel. Den jungen Stern sieht man nur indirekt am Streulicht, denn wir betrachten die Scheibe in diesem Fall von der Seite her. Sie ist zehnmal so groß wie die Bahn des Pluto und besteht vor allem aus Wasserstoff, durchmischt mit etwa einem Prozent Staub. In der Scheibe werden, so die Theorie, die Staubteilchen in den nächsten zehn Millionen Jahren zu Asteroiden, später zu Planeten aneinander gelagert (Foto: NASA/MPI).

liegt als Jupiter. Der letzte Einschlag eines Körpers vergleichbarer Größe in die Erde erfolgte vor 65 Millionen Jahren.

Das Universum entwickelt sich

Das Entstehen von Sternen höherer Generationen und von Planeten zeigt, wie das Alte und Vergangene zum Ausgangspunkt einer neuen Entwicklung werden kann. Im Bereich der Sterne verläuft die Zeit nicht zyklisch; der Ablauf ist jedes Mal ein bisschen anders und wiederholt sich nicht exakt. Jede neue Generation unterscheidet sich von der alten in der chemischen Zusammensetzung. Die Evidenz einer Entwicklung ist eindrücklich. Unsere Erde mit allen Atomen, die schwerer als Lithium sind, zeugen von der Geschichte der Milchstraße. Der Kohlenstoff und der Sauerstoff in unseren Körpern stammen aus der Heliumbrennzone eines alten Sterns. Zwei Siliziumkerne verschmolzen kurz vor oder während einer Supernova zum Eisen im Hämoglobin unseres Blutes. Das Kalzium unserer Zähne bildete sich während einer Supernova aus Sauerstoff und Silizium. Fluor, mit dem wir die Zähne putzen, wurde in einer seltenen Neutrino-Wechselwirkung mit Neon produziert, und das Jod in unseren Schilddrüsen entstand durch Neutroneneinfang im Kollaps vor einer Supernova. Wir sind direkt mit der Sternentwicklung verbunden und selbst ein Teil der kosmischen Geschichte.

Es wäre verfehlt, die Entstehung des Kosmos mit dem Urknall[8] vor rund fünfzehn Milliarden Jahren gleichzusetzen und die kosmische Geschichte mit dem Ablaufen einer Uhr zu vergleichen. Die Voraussetzungen zur Bildung der meisten Objekte im heutigen Universum sind erst im Laufe der Zeit entstanden.

- Galaxien und Sterne zum Beispiel konnten frühestens eine halbe Million Jahre nach dem Urknall entstehen, als die Temperatur und die Materiedichte so klein geworden waren, dass das Universum durchsichtig wurde. Vorher verhinderte der Strahlungsdruck Verdichtungen im Gas. Nun entkoppelte sich die Materie von der Strahlung, die sich bildenden Protosterne strahlten ihre Kontraktionswärme irre-

[8] Das Wort »Urknall« wird heute in zwei Bedeutungen verwendet: Die einen bezeichnen damit ein Modell, gemäss dem das Universum vor rund fünfzehn Milliarden Jahren aus einem heißen, dichten Zustand explosionsartig zu expandieren begann. Andere meinen damit eine hypothetische Singularität mit mathematisch unendlich großer Dichte und Temperatur am Anfang dieser Expansion zur Zeit null. In diesem Buch wird der Begriff in seiner ersten, älteren Bedeutung verwendet. Das Urknallszenario, nicht aber die Singularität, ist in der Fachwelt weitgehend akzeptiert, wenn auch gewisse Details des heutigen Standardmodells durchaus umstritten sind.

versibel ab, und ihre Verdichtungen konnten sich weiter verstärken.

- Die ersten Sterne hatten noch keine Planeten aus Gestein und Eisen. Planeten wie die Erde bildeten sich frühestens mit der zweiten Sterngeneration.

Die Evolution des Universums ist außerordentlich kreativ verlaufen und hat sich qualitativ neue Entwicklungsdimensionen erschlossen. Nicht nur sind neue Strukturen entstanden, diese haben selbst wieder neuartige Entfaltungsmöglichkeiten geschaffen, so dass die Kreativität stufenweise wachsen konnte. Bei jedem Stufenschritt der Entwicklung entstand eine neue Kategorie von Dingen. Ihre Teile waren zwar schon früher vorhanden, aber die entstandene Ordnung und Organisation bilden eine neue Ganzheit.

Wohin geht diese Entwicklung? Die extrem langfristigen Prozesse sind noch zu wenig bekannt, um detaillierte Voraussagen über die Lebenszeit der Sonne hinaus und über Hunderte von Milliarden Jahren zu machen. Aber auch das bereits bekannte Geschehen im Universum, vor allem die Entstehung von Sternen und Planeten aus Gas- und Staubwolken, lässt sich nicht einfach im Voraus berechnen und erinnert an die Mühen um zuverlässige Wettervorhersagen. Zweifellos ist die galaktische Dynamik im gleichen, mathematischen Sinne chaotisch und entzieht sich darum grundsätzlich langfristigen Prognosen. Sicher ist auch, dass unsere Milchstraße nicht im heutigen Zustand verharren wird, wie später weiter ausgeführt wird. In diesem Punkt sind sich Zukunft und Vergangenheit ähnlich: Beide verlieren sich im Dunkel.

Wenn wir in einer klaren Nacht den Sternenhimmel betrachten und glauben, wenigstens die Sterne seien noch gleich wie früher, dann liegt dieser Einschätzung unsere zu kleine Zeitskala zugrunde. In Wirklichkeit hat das Universum eine ungeheure Dynamik, das Entstehen von Sternen und die Bildung von Planeten stellen nur Teilprozesse dar, aufbauend auf früheren kosmischen Vorgängen wie der Materiebildung aus

Quarks im frühen Universum und der Galaxien-Entstehung, die in einem späteren Kapitel vorgestellt werden. Die Zeit spielt eine wichtigere Rolle im Universum, als früher angenommen wurde. Die qualitative Entwicklung ist eine fundamentale Eigenschaft des Kosmos.

Konflikt oder Distanz?

Der Entwicklungsgeschichte von Sternen im vorigen Kapitel als Beispiel einer physikalischen Welterklärung wollen wir nun religiöse Schöpfungsgeschichten gegenüberstellen. Wie vertragen sich moderne Naturwissenschaft und die Vorstellung von Schöpfung? Die Antwort hat mit dem Wahrnehmen von Wirklichkeit zu tun. Mystische Ganzheitserfahrungen und Astrophysik sind anschauliche Beispiele dafür, wie vielfältig und reichhaltig unsere Wahrnehmungen sind. Bereits die Wahrnehmung von Zeit hängt vom eigenen Standpunkt ab, ob wir Teilnehmende oder nur Beobachtende eines Vorgangs sind. Naturwissenschaft und Religion sind grundverschieden nicht nur in ihren Ausgangspunkten, sondern allgemein in ihren Methoden, Wahrnehmungen zu machen und mit ihnen umzugehen. Das soll im Folgenden beschrieben werden.

Kausalität und Zeit in der Naturwissenschaft

Wenn im vorangegangenen Kapitel von Kreativität im Universum die Rede war, könnte die Vermutung aufkommen, dass damit *notwendig* ein Schöpfer ins Spiel komme. Dem ist nicht so. Im Laufe der Entwicklung des Universums ist das Neue nicht aus dem Nichts entstanden, sondern aus Vorhandenem und nach kausalen Gesetzen. Obwohl Neues vielleicht völlig unerwartet und unvorhergesehen – wie ein Wetterumschlag – auftaucht, ist es durch die Vorgeschichte bestimmt. Bei solchen nicht-prognostizierbaren Prozessen spricht man von deterministischem Chaos. Determiniert bedeutet, dass das Neue, wenn auch erst im Nachhinein, kausal erklärbar ist. Die Naturwissenschaft will die objektiv wahrgenommenen Phänomene erklären. Je nach Fachgebiet haben diese Erklärungen ganz bestimmte Formen. Seit dem 17. Jahrhundert, insbesondere mit Galilei und Newton, können immer mehr Naturvorgänge im physikalisch-chemischen Bereich mit Differentialgleichungen beschrieben werden. Um allgemeinverständlich zu bleiben, kommen in diesem Buch keine Gleichungen vor. Das soll nicht den Eindruck erwecken, dass es in Physik und Chemie auch ohne Gleichungen gehen könnte. Im Gegenteil und zum Leidwesen vieler Gymnasiasten sind Differentialgleichungen der eigentliche Kern der neuzeitlichen Naturwissenschaft. Sie geben die zeitliche Veränderung einer Messgröße als Produkt der Ursache und ihrer Dauer an. Die Zeit verbindet Ursache und Wirkung. Ohne fortschreitende Zeit ist keine Kausalität denkbar.

Interessanterweise sind die Grundgleichungen der modernen Physik scheinbar reversibel in der Zeit. In der Allgemeinen Relativitätstheorie erscheint die Zeit sogar als vierte Dimension und ist nur unwesentlich verschieden vom Raum. Das würde heißen, dass im Prinzip Ursache und Wirkung vertauscht werden könnten, etwa so, wie ein Spiegel links und rechts umkehrt. Angenommen, ein Zauberer kenne einen Trick, die Zeit umzukehren, würden wir die Welt wie in einem Film erleben, der rückwärts läuft. Alle Bewegungen würden rückwärts laufen und die Uhren abnehmende Zeit anzeigen. Den Film eines reversiblen Prozesses, zum Beispiel eines schwingenden Pendels, könnte man rückwärts laufen lassen, ohne dass die Zuschauer ihn als unrealistisch empfinden würden. Bei den meisten Filmen, die man im Kino anschaut, wäre es allerdings bald klar, in welche Richtung sie laufen. Offensichtlich ist das menschliche Leben nicht reversibel.

Die Vorstellung reversibler Naturprozesse, besonders beliebt im 19. Jahrhundert, ist geprägt vom Paradigma eines mechanischen Universums, das voraussagbar wie eine Uhr funktioniert. Man kann sich gut vorstellen, wie ein Zahnrad in beide Richtungen laufen kann. Die Wurzeln der Vorstellung reversibler Zeit reichen zurück in die Antike. Im ptolemäischen Weltbild bewegten sich die unveränderlichen Himmelskörper auf kreisförmigen Bahnen in perfekter Symmetrie sowohl in Raum wie in Zeit. Würde die Zeit rückwärts laufen, änderte sich nichts außer dem Umlaufsinn. Die Bewegung der himmlischen Sphären war keine eigentliche Veränderung. Im Himmel herrschte die Ewigkeit. Ein Hauch solcher Zeitlosigkeit klingt in der Diskussion der Reversibilität der Zeit nach.[9] Heute wissen wir, dass die Bewegung eines Planeten um die Sonne nicht völlig zeitlos ist. Eine minime Abstrahlung von Gravitationswellen geht dem System irreversibel verloren und bringt die beiden Himmelskörper einander langsam, aber stetig näher.

In gewissen einfachen Systemen[10] würde allerdings eine Zeitumkehr praktisch nichts ändern. Das ist besonders in der Physik der Elementarteilchen von Bedeutung, wo nur wenige Objekte gleichzeitig im Blickfeld sind. Die Prozesse einzelner Elementarteilchen sind symmetrisch in Zukunft und Vergangenheit und täuschen eine reversible Zeit vor. Die Bedingung für ein zeitreversibles System lässt sich genau angeben.[11] In Systemen aus vielen wechselwirkenden Bestandteilen, wie das in Wirklichkeit meistens der Fall ist, wird diese Bedingung aber nur selten und dann nur näherungsweise erfüllt. Im Universum – wie im Leben – begegnet uns eine Zeit, die unerbittlich vorwärts schreitet. Es ist die Asymmetrie der Zeit selbst, die es uns überhaupt ermöglicht, von der Zeit in einer Abfolge

9 Als Beispiel möge der ergreifende Brief dienen, den Einstein kurz vor seinem Tode der Schwester eines verstorbenen alten Freundes schrieb: »Nun ist er mir auch mit dem Abschied von dieser sonderbaren Welt ein wenig vorausgegangen. Dies bedeutet nichts. Für uns gläubige Physiker hat die Scheidung zwischen Vergangenheit, Gegenwart und Zukunft nur die Bedeutung einer wenn auch hartnäckigen Illusion.« Albert Einstein – Michele Besso, *Correspondance 1903–1955*, Paris 1979.

10 System nennen wir eine Menge von Objekten, die miteinander in Wechselwirkung stehen, zum Beispiel das Sonnensystem oder die Moleküle der Lufthülle.

11 William R. Hamilton hat bereits 1834 gezeigt, dass ein klassisches System genau dann reversibel ist, wenn es integrabel ist, d.h. seine allgemeinen Impulskomponenten Konstanten der Bewegung sind. Zum Beispiel H. Goldstein, *Klassische Mechanik*, Frankfurt 1963.

von Gedanken und Worten zu sprechen. In der Physik wird die Zeitrichtung oft mit dem zweiten Hauptsatz der Thermodynamik festgelegt: Ein komplexes System entwickelt sich zu einem Zustand hin, der wahrscheinlicher ist als der Anfangszustand. Mit der Wahrscheinlichkeit wird die Richtung des Zeitpfeils festgelegt. Das Konzept »Wahrscheinlichkeit« strukturiert die Zeit bereits in faktische Vergangenheit und mögliche Zukunft. Diese Zeitstruktur geht der Erfahrung voraus und muss allgemein gelten. Irreversibilität ist daher eine notwendige, apriorische Ordnungsform der naturwissenschaftlichen Erkenntnis.[12]

Naturwissenschaftliche Erklärungen wollen kausal sein und beobachtete Naturprozesse mit Ursachen verknüpfen. Sind die Ursachen von Naturvorgängen bekannt, werden sie in einem bestimmten Rahmen voraussagbar, manipulierbar oder technisch anwendbar. Kausalität ist aber keine notwendige Grunderfahrung. Im täglichen Leben sind uns Geschehnisse vertraut, die sich nicht kausal begründen lassen, denken wir nur an spontane Willensäußerungen. Das kausale Muster von Ursache und Wirkung ist vielmehr ein Grundpostulat der Naturwissenschaft; es definiert und limitiert ihren Wirkungsbereich.

Hier ist eine Zwischenbemerkung nötig, die in einem späteren Kapitel weiter ausgeführt wird. Die strenge Forderung nach Kausalität in der klassischen Physik ist in den 1920er Jahren durch die Quantenmechanik von Niels Bohr und Werner Heisenberg entschärft worden. Gemäß dieser neuen Physik des Mikrokosmos sind Ort und Impuls[13] eines Teilchens

[12] Seit dem Anfang der modernen Physik haben sich namhafte Forscherinnen und Forscher mit der scheinbaren Symmetrie der Zeit in den Grundgleichungen und ihrer letztlichen Irreversibilität in der Wirklichkeit beschäftigt. Schon Newton bemerkte die Umkehrbarkeit der Zeit in den Grundgleichungen. Einen Überblick und neuere Aspekte findet man z. B. im Buch von I. Prigogine und I. Stengers, *Das Paradox der Zeit,* München 1993.

[13] Der Impuls ist definiert als die Geschwindigkeit mal die Masse eines Objekts. Bei sehr schnellen Bewegungen kommt noch der relativistische Lorentzfaktor hinzu.

zu einer gegebenen Zeit nicht beliebig genau messbar. Das Produkt der Ungenauigkeiten von Ort und Impuls ist immer größer als ein gewisser Wert, der überall und unter allen Umständen gleich ist, die sogenannte Planck'sche Konstante[14]. Für ein Elektron zum Beispiel, dessen Geschwindigkeit man auf einen Kilometer pro Stunde genau kennt, bedeutet das eine Positionsunschärfe von drei Millimetern. Weil daher auch sein Anfangszustand unscharf und nicht genau vorgegeben ist, haftet dem Ausgang eines Quantenprozesses immer eine gewisse Zufälligkeit an. Ob das Elektron ein Loch mit einem Millimeter Durchmesser trifft, lässt sich nicht im Voraus berechnen. Es gibt keinen kausalen Grund, warum ein Elektron durchs Loch fliegt und ein anderes nicht. Die Bahn des Teilchens ist aber nicht willkürlich, ihre Zufälligkeit ist durch die Planck'sche Konstante eingegrenzt. Bei wiederholten Versuchen haben die gemessenen Aufschlagspunkte einen berechenbaren Mittelwert und befolgen eine voraus bestimmbare Streuung. In diesem Sinne sind daher selbst Quantenphänomene kausal und determiniert, indem die Wahrscheinlichkeit trotz Unschärfe genau berechnet werden kann. Die quantenmechanische Unschärfe wird in den Kapiteln 2.2 und 4.2 näher erklärt.

Die Naturwissenschaft kann Gott nicht nachweisen. Gemäß ihrer Methode muss sie kausale Ursachen voraussetzen und suchen, als ob es Gott nicht gäbe *(etsi deus non daretur)*. Die Gesetze von Ursache und Wirkung werden nicht hinterfragt. Wird kein Kausalzusammenhang gefunden, ist damit nicht etwa die Existenz von Gott bewiesen. Ein solcher Fall ist in der Tat mit der quantenmechanischen Unschärfe eingetreten und wurde als Zufallsprozess, für den es keine Erklärung gibt, in die Physik eingeschlossen. Selbst im Falle,

[14] Die Planck'sche Konstante (oder Wirkungsquantum) ist eine von Max Planck im Jahre 1900 eingeführte Naturkonstante. Sie hat die Dimension einer Wirkung (Energie mal Zeit) und taucht in verschiedenen Zusammenhängen in der Quantenmechanik auf.

dass ein Phänomen jeglicher kausalen Erklärung widerstehen würde, könnte schwerlich bewiesen werden, dass dies immer so bleiben wird. Die Naturwissenschaft kann den Bereich der Kausalität nicht verlassen.

Religiöse Wahrnehmungen

Das in Kapitel 1.1 berichtete Erlebnis ist ein Ganzheitserlebnis, wie es ähnlich schon viele Menschen erfahren haben. Die Grenze zwischen Subjekt und Objekt ist dabei für kurze Zeit aufgehoben, und das Erleben transzendiert die eigene Person. Im Folgenden werde ich es als spontane *mystische Wahrnehmung* bezeichnen, ohne damit die Methoden oder das dogmatische Gebäude einer bestimmten Mystik vorauszusetzen. Ich zähle sie hier zu den allgemein religiösen Wahrnehmungen, die auch andere Erscheinungen mit einschließen.[15] In Philosophie und Theologie nennt man heute solche Erlebnisse im weitesten Sinne Transzendenzerfahrungen, ohne sie notwendigerweise mit Gotteserfahrungen gleichzusetzen. Das Beispiel von Kapitel 1.1 zeigt besser als alle Definitionen, was mit dieser Art von Wahrnehmung gemeint ist.

Ganzheitserlebnisse sind für jene, die sie erleben, auch Erkenntnisse. Dieses »Wissen« besteht in eindrucksvollen Bildern und lässt sich nicht adäquat in Begriffe fassen, die der Naturwissenschaft genügen könnten. Das in einer engen Beziehung zu Gott oder der Welt Erlebte kann nur bildhaft mitgeteilt werden; vieles und oft alles bleibt wohl unausgesprochen. Die nach Worten ringende Berichterstattung wirkt manchmal befremdlich, vom Verstand hinterfragt, unter Umständen sogar widersinnig und unverständlich wie ein Gestammel nicht definierter Begriffe. Das Mitgeteilte spricht nicht immer an, sogar trotz eigener ähnlicher Erfahrungen.

[15] Ich folge damit der klassischen Terminologie von William James, *The Varieties of Religious Experience*, New York 1902.

Wenn es aber auf Widerhall stößt, kann es auch im Leben der Hörenden oder Lesenden eine große Bedeutung bekommen. Aus mystischen Erlebnissen wurden im Nachhinein logische Systeme, ganze Weltmodelle und Methoden entwickelt, gemäß denen der Mensch den veränderten Bewusstseinszustand wieder zu erreichen oder zur persönlichen Vereinigung mit Gott zu gelangen sucht.

Hier interessiert mehr die von den Naturwissenschaften sich unterscheidende Art der mystischen Wahrnehmung. Ganzheitserlebnisse gehen mit einem Bewusstseinszustand einher, bei dem Gefühle eine wichtige Rolle spielen. Gefühlsmäßig erlebt ein Mensch Einheit, Teilhabe am Ganzen und Partizipation am Weltprozess. Das Spektrum der Erlebnisse ist sehr breit: Das Ichbewusstsein kann bis ins Unermessliche gesteigert sein; in anderen Fällen geht die menschliche Identität völlig verloren. Im mystischen Wahrnehmen sieht man die Welt wie aus einer anderen Perspektive; die räumliche Orientierung durch den Körper kann für eine bestimmte Zeit aufgehoben sein. Diesen Zustand nannten die Griechen *ék-stasis* (= aus sich gestellt sein). Besonders auffallend ist die Wahrnehmung der Zeit im mystischen Erlebnis. Entweder läuft sie rasend schnell, oder sie wird als stillstehend oder abwesend empfunden. In der mystischen Wahrnehmung läuft die Zeit nicht synchron mit der Uhr am Arm.

Berichte von Ganzheitserlebnissen enthalten keine naturwissenschaftliche Information über das Universum. Sie können aber wichtige biographische Spuren hinterlassen. Die Wirkung bezeugt die erfahrene Wirklichkeit. Es gibt freilich auch mystische Wahrnehmungen, die uns wirklichkeitsfremd erscheinen. Die Echtheit lässt sich nicht zweifelsfrei nachprüfen. Was das Erlebte bewirkt, könnte allenfalls ein Indiz für die Realität der inneren Wahrnehmung sein. Mystische Wahrnehmungen erfahren vor allem Einzelne abseits der lauten Öffentlichkeit, was mit ein Grund dafür ist, dass sie relativ wenig beachtet werden. Entscheidende Ereignisse der jüdisch-christlichen Religionsgeschichte haben jedoch mystischen Charakter, so zum Beispiel der brennende Dornbusch des Mose oder die Verklärung Jesu. Sie sind grundlegende Erfahrungen an entscheidenden Wendepunkten. Es ist mir keine Religion bekannt ohne die mystischen Elemente des sich Öffnens und sich Eingebens ins Ganze.

Hier muss unbedingt noch an eine ganz andere Art religiöser Wahrnehmung erinnert werden, die im Christentum und Judentum sogar die Hauptrolle spielt und für das Verständnis des folgenden Abschnitts entscheidend ist. Es ist die Gotteserfahrung durch den *Glauben*. Mit Glaube ist hier ein Vorverständnis der Wirklichkeit gemeint, das nötig ist, um eine bestimmte Dimension der Wirklichkeit überhaupt wahrzunehmen.[16] Dieses Vorverständnis beruht auf Vertrauen und wird durch Alltagserfahrungen bestätigt und verstärkt, aber in existentiellen Krisen auch auf harte Proben gestellt. Der Glaube wirkt somit wie ein »Sinnesorgan« für Gotteserfahrungen im täglichen Leben.

Ich gehe davon aus, dass es keine religiösen Wahrnehmungen ohne ein mitbeteiligtes Subjekt gibt. Ohne die enge Beziehung von Mensch, Welt und Gott, sei das in mystischen Erfahrungen oder im tätigen Vertrauen, ist Gott nicht erfahrbar. Es stellt sich nun die berechtigte Frage, ob denn diese Wirklichkeit auch ohne Subjekt existiert. Gäbe es sie auch in einem Universum ohne Menschen? Gerade das lässt sich unbeteiligt weder beweisen noch widerlegen. Im Folgenden wird es implizit vorausgesetzt. Wir halten fest, dass religiöse Erfahrungen allgemein menschlich sind, sich wiederholen und in Bildern mitteilbar sind. Darin sind sich religiöse Erfahrungen und zum Beispiel Kunsterlebnisse ähnlich. Das Subjekt partizipiert, aber die erfahrene Wirklichkeit ist nicht rein subjektiv.

[16] Hans Weder bemerkt bei Audretsch, J. (Hrsg.), *Die andere Hälfte der Wahrheit*, München 1992, S. 150: »Mit Glauben fängt das Denken neu an«.

Schöpfungsgeschichten wollen Werte vermitteln

Nicht nur die modernen Naturwissenschaften, auch Religionen beschreiben, wie die Welt beschaffen und entstanden ist. Um diese Berichte angesichts unseres naturwissenschaftlichen Weltbildes überhaupt ernsthaft aufnehmen zu können, müssen wir zunächst ihre ganz andere Botschaft beachten. In biblischen und anderen Schöpfungsgeschichten wird auf anschauliche Weise erzählt, dass Gott oder die Götter am Anfang der Welt die Natur, vom Licht bis zu den Menschen, erschaffen haben. Auch wenn das Rohmaterial der Schöpfungstat, sei es Chaos, Lehm oder das Nichts, zuweilen erwähnt wird, über den eigentlichen Schöpfungsvorgang wird wenig berichtet. Besonders konsequent ist der erste Schöpfungsbericht der Bibel[17] (Genesis 1), der überhaupt darauf verzichtet, den Schöpfungshergang näher zu beschreiben oder spekulativ und fantasievoll auszuschmücken. Das Wie ist wie in allen Schöpfungsgeschichten unwichtig und bleibt weit hinter der Frage nach dem Warum der Ordnungen und Dinge des Kosmos zurück. Gott wird dargestellt als Macht, in dessen freiem Willen es steht, die Natur nach seinem Gutdünken zu erschaffen. Er erscheint wie ein Künstler, von dem ein Laie nicht wissen will, mit welchen Techniken er ein Werk erschaffen hat, sondern was es ihm persönlich bedeuten soll. Nur ein Kunsthistoriker fragt nach der Herstellungstechnik, etwa danach, wie der Künstler die Farben gemischt und wie er den Pinsel gehalten habe. Für den Kunstliebhaber sind diese Fragen nicht wichtig. Ebenso sind Schöpfungsgeschichten keine Theorien, die mit naturwissenschaftlichen Theorien konkurrieren oder auch nur zu vergleichen wären.

Die verschiedenartigen Zielsetzungen und Aussagen naturwissenschaftlicher und religiöser Entstehungsberichte sind kaum zu übersehen. Zwar könnte man Schöpfungsgeschich-

[17] Eine spannende Auslegung der alttestamentlichen Schöpfungsberichte findet sich bei G. von Rad, *Das erste Buch Mose, Genesis*/ATD 2–4), Göttingen 1972.

ten naturwissenschaftlich lesen, als wären sie Berichte über ein objektives Geschehen, das ein unbeteiligter Beobachter einem anderen Individuum weitererzählt. Solche Lesart hat in der Vergangenheit schon zu vielen Missverständnissen geführt und ist noch immer nicht ganz überwunden. Schöpfungsgeschichten verwenden zwar das Wissen ihrer Zeit, enthalten aber keine zusätzliche *naturwissenschaftliche* Information, wie zum Beispiel die Ursache eines natürlichen Vorgangs oder Angaben, wie man ihn im Labor wiederholen könnte. Selbst keine Messung wird vorgeschlagen, die das Geschehen erhellen könnte. Keine naturwissenschaftliche Zeitschrift könnte es sich leisten, einen derartigen Bericht zu publizieren. Die Reduktion einer Schöpfungsgeschichte auf ihren vermeintlichen naturwissenschaftlichen Gehalt ergibt: Die Dinge sind so, wie sie sind, weil Gott sie so gemacht hat. Das sagt man vielleicht einmal entnervt zu einem unaufhörlich fragenden Kind, aber es ist keine naturwissenschaftliche Erkenntnis.

Schöpfungsgeschichten sind keine naturwissenschaftlichen Reportagen unbeteiligter Beobachter, sondern Botschaften über unsere persönliche Bedeutung, Aufgabe und Verantwortung in dieser Welt. Es geht nicht um den Naturvorgang an sich, vielmehr um den Sinn der Dinge, ihre Beziehung zueinander und zu uns. Schöpfungsgeschichten sind auch kein »Infotainment«. Sie wollen nicht einfach objektive Tatsachen mitteilen wie die Nachrichten im Fernsehen, die man bei einem Bier zur Kenntnis nehmen und wieder vergessen kann. Ohne Menschen, die sich subjektiv ansprechen lassen, machen Schöpfungsgeschichten keinen Sinn.

Schöpfungsgeschichten berichten von einem Plan oder einem Ziel, nach dem der Schöpfer handelte. Nicht das Handeln selber, sondern seine Gründe interessieren. Sie werden in Form einer bildhaften Geschichte erzählt, die dann begründet, warum Gott die Dinge in freier Entscheidung so gemacht habe und was ihr eigentliches Wesen sei. Die Geschichten vom göttlichen Handeln vermitteln die ethischen Grundgesetze der Welt und liefern Vorbilder für das menschliche Handeln. Schöpfungsgeschichten wollen die Stellung des Menschen in seiner Welt und seine Aufgaben darin – also ethische Werte – aufzeigen. Das ist ihr tiefster Sinn.

Hier ist unbedingt festzuhalten, dass »Handeln« ein Begriff ist, der aus menschlichen Erfahrungen entstammt und hier *bildlich* auf Gott übertragen wird. Es ist auch wichtig zu verstehen, dass sich ohne Bilder nicht über Schöpfung reden lässt. In Kapitel 4.5 wird diese Sprachform näher erklärt. Das Bild des Handelns meint hier zunächst, dass der Schöpfer mit der Welt in Kontakt kommt. Wieder interessiert in den Schöpfungsgeschichten weniger, wie das geschieht, sondern auf welche Art. Die Eigenschaften dieses Handelns (gütig, verantwortungsbewusst, usw.) sind in den Berichten unterschiedlich, gemeinsam ist die Möglichkeit einer freien Wahl. Worin besteht diese schöpferische Freiheit? Freiheit darf nicht mit Beliebigkeit verwechselt werden. Sie zeigt sich nicht in wankelmütigem Entscheiden: heute so, morgen anders. Gerade der wirklich Freie (man denke zum Beispiel an Schillers Wilhelm Tell) kann faktisch in einer bestimmten Situation nicht anders handeln, auch wenn er es prinzipiell könnte. Gleichwohl ist der Grund seines Handelns nicht eine kausal determinierende Ursache, es sei denn, er handle aus pathologischen Zwängen und damit in Unfreiheit. Handlungsgründe des freien Willens entstammen einem Wertesystem, und die Freiheit besteht in der Wahl dieser Werte.[18] Gottes »Handeln« muss sich folglich nicht in erratischen, unnatürlichen Eingriffen äußern, die den Gesetzen seiner Schöpfung zuwiderlaufen.

Man hört heute wieder häufig das Wort »Schöpfung«, weil es im Gegensatz zur neutraleren »Natur« auch Werte mit einbezieht. Schöpfungstheologie soll heute Orientierung geben

[18] Matthias Claudius schrieb an seinen Sohn: »Nicht der ist frei, der tun kann, was er will, sondern der tun will, was er soll«.

bei den scheinbar grenzenlosen technischen Anwendungen der Naturwissenschaft und Grenzen setzen, wie weit menschlicher Eigennutz über die Natur verfügen darf. Je nach Schöpfungsgeschichte sind diese Werte natürlich verschieden. So ist im ersten biblischen Schöpfungsbericht unschwer eine Ordnung vom Licht und der unbelebten Materie bis zum Menschen, übrigens mit Gleichstellung von Mann und Frau, herauszulesen. Die wissenschaftlich bekannte Natur wird nicht zur Schöpfung, indem einfach noch ein Urheber und Planer, also ein Schöpfer, hinzugedacht wird. Entscheidend ist vielmehr, dass das rechte Verhältnis des Menschen zur Natur, seine Aufgaben und Ziele sowie Wesen und Sinn des Universums inhaltlich festgelegt werden.

Der Schöpfungsvorgang wird auch heute noch oft an den Anfang der Zeit gesetzt oder mit dem Anfang gleichgesetzt, entsprechend dem Paradigma des Uhrwerk-Universums im Deismus des 18. Jahrhunderts. Im Weltbild der modernen Naturwissenschaften sind die meisten Dinge des Universums – von den Sternen bis zu den Lebewesen – aber erst im Laufe der Zeit entstanden. Angesichts der Entwicklung des Universums würde es wenig Sinn machen, Schöpfung auf die Zeit des Urknalls zu beschränken und Gottes Aktivität auf diesen entfernten Zeitpunkt zu fixieren. Die Vorgänge im frühen Universum sind zudem wissenschaftlich noch kontrovers, je weiter zurück, um so mehr, und daher wenig geeignet als Material für Schöpfungsgeschichten. Damit das Reden von Schöpfung heute wieder sinnvoll sein und Werte vermitteln kann, muss es in einen Zusammenhang mit der naturwissenschaftlich erkennbaren Entwicklung des Universums gebracht werden. In der Theologie gibt es dafür den Begriff der *creatio continua*, welcher die fortgesetzte Schöpfungstätigkeit Gottes meint, sein Handeln in der Zeit.

Wenn Schöpfungsglaube und Naturwissenschaft verschiedene Ausrichtungen haben und verschiedene Fragen beantworten, könnte man vermuten, alle Konflikte und Spannungen zwischen den beiden seien Missverständnisse und leicht lösbar. Dem ist nicht so! Die Naturwissenschaft versteht zwar bei weitem noch nicht alle Vorgänge im Universum, doch gibt es heute keinen Naturvorgang, der eindeutig außerhalb naturwissenschaftlicher Erklärungsmöglichkeiten liegt. Es wird in einem späteren Kapitel beschrieben werden, wie selbst das Universum sich möglicherweise gemäß heute bekannten Naturgesetzen aus einem Vakuum gebildet hat. In diesem Sinne gibt es keine grundsätzlichen Lücken in der Entwicklung des Universums vom Urknall bis zur Entstehung des Menschen, die nur durch das Wirken einer übernatürlichen Macht erklärt werden könnten. Noch bestehende Lücken sind die Arbeitsgebiete der heutigen Wissenschaftlerinnen und Wissenschaftler, deren großes Ziel es ist, die Lücken zu verkleinern und zu schließen. Weil üblicherweise mit jeder geschlossenen Lücke sich wieder mehrere neue Lücken auftun, wird ihnen die Arbeit auch auf lange Sicht nicht ausgehen.

Gottes scheinbare Abwesenheit in der naturwissenschaftlich erschlossenen Wirklichkeit ist der Kern des neuzeitlichen Agnostizismus. Gott ist im Weltbild der Naturwissenschaften nicht mehr lokalisierbar, denn der Kosmos wurde im 20. Jahrhundert zu einem Teil der menschlichen Erfahrungswelt und nach physikalischen Gesetzen erklärbar, die auch auf der Erde gelten. Naturwissenschaftlich sind Schöpfungstaten beim besten Willen nicht nachweisbar, auch wenn das in gewissen kreationistischen Kreisen noch immer behauptet wird. Der Schöpfer hat keine Fingerabdrücke hinterlassen. Der Konflikt zwischen Naturwissenschaft und Schöpfungsglaube scheint unvermeidbar. Im folgenden Kapitel werden wir uns überlegen müssen, ob und wie man unter diesen Umständen heute überhaupt von Schöpfung reden kann.

Scheiden, was nicht zusammengehört

Das vorangehende Kapitel zeigt die verschiedenen Absichten und Funktionen von naturwissenschaftlichen und religiösen Berichten. Man könnte sich je nach Fragestellung – kausale Erklärung, Erlebnis- oder Sinnsuche – die entsprechende Erzählform auswählen. Dabei kann einen allerdings ein intellektuelles Unbehagen überkommen.

- Kann denn ein kosmischer Vorgang, z. B. die Entstehung eines Sterns, zugleich kausales Naturphänomen und Gottes Schöpfungshandeln sein?
- Wie vertragen sich der Determinismus von Naturvorgängen und die schöpferische Freiheit?

In diesem und dem folgenden Kapitel wird gezeigt, dass die gegensätzlichen Konzepte – Kausalität und Schöpfung, Determinismus und Freiheit – nicht Alternativen sein müssen, die sich gegenseitig ausschließen. In der ersten Argumentation werden nicht nur die Funktionen der beiden Arten von Berichten, sondern auch die beiden Sprachebenen scharf getrennt, so dass ein Konflikt ausgeschlossen wird. In der zweiten Überlegung, vorgestellt im Kapitel 1.5 und später weiter ausgeführt, werden Entsprechungen und Ähnlichkeiten entfaltet, mit denen beide Sprachebenen in ein gemeinsames Blickfeld geraten.

Zwei Sprachebenen

Kausalität und Schöpfung sind Begriffe aus verschiedenen Sprachbereichen, die sich prinzipiell nicht zueinander in Beziehung setzen lassen. Sie entsprechen zwei unterschiedlichen Verfahren im Umgang mit der Wirklichkeit. In den modernen *Naturwissenschaften* wird das Objekt durch eine gezielte Manipulation oder Beobachtung auf kausale Zusammenhänge untersucht. Das Subjekt experimentiert, befragt, misst und beobachtet. Es selbst ist nicht Teil des Experiments, es soll möglichst geringen Einfluss auf das Resultat der Untersuchung haben und austauschbar sein. Subjekt und Objekt bleiben so weit wie möglich getrennt. Das Resultat dieser Bemühungen ist ein *Verfügungswissen,* das zum Beispiel einen Vorgang so gut erklärt, dass er technisch anwendbar wird.

In einer *Schöpfungsgeschichte* hingegen wirkt die oder der Fragende nicht auf den Gegenstand, sondern hört auf die Gründe des Schöpfers. Das Subjekt soll diese nicht unbeteiligt zur Kenntnis nehmen, sondern in seinem Leben die Konsequenzen ziehen. Das Subjekt ist selbst geschaffen und findet seinen Platz als Geschöpf unter seinesgleichen gegenüber dem Schöpfer. Das Subjekt ist damit in eine Dreierbeziehung – Subjekt, Objekt, Gott – eingebunden und wird Teil eines größeren Ganzen und Sinngefüges, der Schöpfung. Dieses *Orientierungswissen* gibt dem Subjekt die Möglichkeit, sich in der Welt richtig einzuordnen und sinnvoll zu handeln.

Bei der Trennung von Sprachebenen stellt sich die Wahrheitsfrage nur innerhalb jeder Verfahrensweise. Kausale Erklärungen sind Modelle der Wirklichkeit, die nur durch neue Beobachtungen und Experimente innerhalb der Naturwissenschaft widerlegt oder bestätigt werden können. Keine religiöse Instanz kann einer naturwissenschaftlichen Theorie *ex cathedra* widersprechen.

Andererseits zeigt sich die Wahrheit einer sinnstiftenden Schöpfungsgeschichte nur im Leben eines Menschen, der sie glaubt, das heißt auf diese Beziehungen eingeht und vertraut. Religiöse Wahrheit zeigt sich auch in der geistigen und ethischen Haltung, die sie in den Beziehungen des Subjekts zur Welt bewirkt, zum Beispiel, ob die Ethik einer Schöpfungsgeschichte lebensbejahend ist und sich in der Praxis bewährt oder nicht. Bleiben also die beiden Wahrnehmungsebenen methodisch getrennt, muss sich die Schöpfungsgeschichte der Wahrheitsfrage in der naturwissenschaftlichen Wirklichkeit gar nicht stellen.

Wahrnehmen, erfahren, glauben: Was ist Wahrheit?

Mit Messen und Beobachten nehmen die Naturwissenschaften die Wirklichkeit wahr. Die Wahrnehmung allein erklärt aber die Wirklichkeit noch nicht, denn die Fakten lassen meistens mehrere Erklärungen zu. Den Theoretikern steht zunächst ein gewisser Spielraum offen für spielerische Versuche zu Theorieentwürfen. In einer Theorie kommen die beobachteten Fakten mit inneren Bildern zur Deckung. Diese inneren Bilder beinhalten unsere Denkstrukturen, wie Logik, Begriffe und mathematische Modelle, im schlechten Falle auch unsere Vorurteile. Eine gute Theorie kann viele Beobachtungen erklären und zukünftige Erscheinungen genau voraussagen. Keine naturwissenschaftliche Theorie kann aber beanspruchen, die reine Wahrheit zu sein. Es ist immer denkbar, dass eine zukünftige Überprüfung anhand weiterer Messungen negativ verlaufen könnte. Es gibt daher keine wahren und falschen Theorien, nur erklärende und widersprechende. Auf diese Weise kommen die Naturwissenschaften der Wahrheit zwar immer näher, aber nie zu absolut wahren Aussagen über einen Gegenstand.

Die Wahrheit einer Schöpfungsgeschichte lässt sich ebenfalls nicht mit der mystischen oder religiösen *Wahrnehmung* belegen, die vielleicht der Geschichte zugrunde liegt. In einer mystischen Wahrnehmung erlebt ein Mensch die Welt zwar auch durch seine körperlichen Sinne und im Rahmen seiner kulturellen Herkunft, aber direkt in seinem Innersten und ohne das übliche rationale Filter. Er erfährt dabei eine enge Beziehung oder Verschmelzung zwischen Äußerem und Innerem. Wie in jeder Wahrnehmung wird ihm ein äußeres Objekt oder ein inneres Erleben gewahr, und er erfasst es zunächst nur subjektiv. Im Erlebnis stellt sich die Wahrheitsfrage nicht, zunächst wird nichts bewusst gedeutet, nur wahrgenommen. In der Beziehung zwischen subjektiver Wahrnehmung und ihrem Gegenstand baut sich dann eine *Erfahrung* auf, die sich vielleicht in weiteren Wahrnehmungen bewährt und anderen Menschen vermittelt werden kann. Erfahrungen sind von unseren Denkmustern geordnet und geprägt, was sowohl für religiöse wie für naturwissenschaftliche Erfahrungen gilt. Sie vermitteln daher nicht zwingende Erkenntnis über das wahre Sein des Wahrgenommen. In der Philosophie geht man heute allgemein davon aus, dass sich die eigentliche Wahrheit nicht aus der Erfahrung ableiten lässt.

Für Platon bestand die Wahrheit aus Ideen, den unveränderlichen Urbildern oder Begriffen, die hinter den Erscheinungen stehen und ewig sind. Diese Wahrheiten zu erkennen, also das Gewahrwerden einer Idee, nennt Platon *anámnēsis* (gr. = Erinnerung, Gedächtnis). Ideen sind für ihn göttlicher Natur und können von uns nur wahrgenommen werden, wenn auch unsere Sinne ein göttliches Empfangsorgan der Anamnesis besitzen. Bei den Neuplatonikern und in der antiken christlichen Philosophie wurden die platonischen Ideen zu den Schöpfungsgedanken Gottes. Was im Folgenden mit *Offenbarung* gemeint ist, hat viel mit Anamnesis gemein.

Die biblischen Schöpfungsgeschichten sind keine Erfahrungsberichte, sondern haben mit Offenbarung zu tun. Ich verstehe nicht, warum man Offenbarung lange Zeit missverstehen konnte – Vereinzelte tun dies noch immer – in dem Sinn, als seien einzelne *Wörter* vom Himmel gefallen. Offenbart werden kann nur der eigentliche *Inhalt*, der Kern von Schöpfungsgeschichten. Er bewirkt eine neue Sicht der Wirklichkeit oder besser eine neue Beziehung zu den Dingen. Die Tatsache, dass am Anfang der Bibel gleich zwei verschiedene Schöpfungsberichte stehen, beweist, dass den Redaktoren des ersten Buches Mose, der Genesis, die einzelnen Wörter und Handlungselemente für sich genommen nicht wichtig waren. Auch im Neuen Testament gibt es Schöpfungsgeschichten, insbesondere den Prolog des Johannesevangeliums. Im Christentum wird die Geschichte von Jesus und seiner Auferstehung zur zentralen Offenbarung und zur eigentlichen Schöpfungsgeschichte. In Kapitel 3.4 und 4.4 wird dies eingehend dargelegt.

Wie kommt es zu einer Offenbarung? Die Niederschrift bildet nur den letzten Akt. Das Entscheidende ist jedoch das vorangehende Gewahrwerden ihres eigentlichen Inhalts, ein Aha-Erlebnis oder ein fast erschrockenes Aufmerken und Betroffensein des Offenbarungsempfängers. Was man auf Datenträgern speichern und reproduzieren kann, macht die Offenbarung nicht aus. Sie ereignet sich erst dann wieder, wenn Zuhörende oder Lesende vom Inhalt *angesprochen* werden. Offenbarung ist daher keine neutrale wissenschaftliche Information, deren Kern aus Zahlen und Gleichungen besteht. Sie lässt sich nicht aus natürlichen oder historischen Fakten herleiten. Zur Offenbarung gehört auch, dass sie nicht zwingend ist, man sich auf sie einlassen muss und sie als Geschenk empfunden wird.[19]

Bekanntermaßen hat Schöpfung mit *Glauben* zu tun. Glaube ist eine religiös begründete Erwartung, die sich im Alltag noch bewähren muss. Im alltäglichen Sprachgebrauch wird Glaube oft einem mangelhaften Wissen gleichgesetzt. Das ist hier nicht gemeint. Glaube heißt, sich existentiell auf das einzustellen, was man erkannt hat. Einer Schöpfungsgeschichte glauben heißt, sich ihre Werte zu eigen machen. Sich auf eine Offenbarung einzulassen ist ein Risiko und verlangt Vertrauen

[19] Für Christen hat Gott sich im Menschen Jesus von Nazareth offenbart. Paulus bemerkt im ersten Korintherbrief, dass diese Offenbarung nicht angelerntes Wissen ist oder aus der Beschäftigung mit Philosophie entsteht, sondern ein Angesprochensein ist: «[Christus] ist den Juden ein Ärgernis, den Heiden eine Torheit, für die Berufenen aber [...] die Weisheit Gottes.« (1 Korinther 1,23)

auf Vorschuss, denn ihre Wahrheit lässt sich nicht im Augenblick überprüfen. Erst die Auswirkungen, welche dieser Glaube auf das Leben hat, lassen auf seine Richtigkeit schließen. Es kann für Schöpfungsgeschichten nur diesen im Leben überprüfbaren und nachträglichen Beweis geben. Solche Evidenzerlebnisse sind an das Subjekt gebunden und nicht objektivierbar. Das subjektive Erleben der Richtigkeit einer These ist jedoch als wissenschaftliches Wahrheitskriterium nicht hinreichend.

Die Verfahrensweisen von objektiver Naturwissenschaft und Beziehung stiftendem Glauben könnten nicht verschiedener sein. Ihre Wahrnehmung, Erfahrung und Sprache liegen auf völlig verschiedenen Ebenen. Selbst die gängige Metapher von der »einen Wirklichkeit aus zwei verschiedenen Blickwinkeln betrachtet« ist irreführend, da sie die Wirklichkeit bereits objektiviert. Man stellt sich dabei die Wirklichkeit wie einen Tisch vor, der zwischen gleichwertigen Betrachtern steht, die ihn aus verschiedener Perspektive sehen. Das Bild nimmt die Trennung von Objekt und Subjekt als gegeben. In der religiösen Wahrnehmungsweise ist der Mensch aber unlösbar in die Wirklichkeit verwickelt und kann nicht völlig von ihr abgetrennt werden. Das heißt, es gibt im Bild vom Tisch nur einen distanzierten Betrachter, der andere ist mit dem Tisch verschmolzen. Ein unglückliches Bild! Bei derart verschiedenen Wahrnehmungsweisen sollte man nicht leichthin von der einen Wirklichkeit sprechen.

Konsequenzen der Trennung von Glaube und Naturwissenschaft

Glaube und Naturwissenschaft können beide nur ernst genommen werden, wenn die Verschiedenheit sowohl ihrer Methoden, ihrer Wahrnehmungsweisen wie auch ihrer Ziele anerkannt wird. Erst mit der Trennung der beiden Gebiete, wie sie kompromisslos Karl Barth vor mehr als einem halben

Jahrhundert forderte, bekommen sie klare Konturen und treten ihre Möglichkeiten und Schwächen ans Licht.[20]

Die Trennung zwischen der Objektebene und der partizipatorischen Ebene entspricht durchaus der jüdisch-christlichen Vorstellung von Gottes Transzendenz. Der transzendente Gott ist jenseits der Natur und in keinem naturwissenschaftlich erfassbaren Geschehen direkt einsichtig, selbst nicht im Entstehen des Universums. Gottes Abwesenheit in den Naturprozessen mag dann nicht überraschen, genauso muss es sein, wenn Gott und Natur nicht eins sind. Auch Gottes Unbehaustheit im modernen Universum ist nicht verwunderlich, man wurde früher nur nicht darauf aufmerksam, solange es im Himmel anscheinend noch Platz gab.

Die Trennung der Wahrnehmungs- und Sprachebenen erlaubt, das gleiche Universum, welches die Naturwissenschaften kausal erklären, auch als Schöpfung wahrzunehmen. Gott ist dann an allem beteiligt, nicht nur im Anfang, auch im Neuen, sowohl im naturwissenschaftlich Erklärbaren wie auch im noch Unerklärten der Welt. Doch greift er nicht direkt ins kausale Naturgeschehen ein und ist mit keinem Naturvorgang gleichzusetzen. Er ist in allem transzendent.

Der Schöpfungsglaube wird damit unerreichbar für naturwissenschaftliche Kritik. Seine Kriterien sind dann ausschließlich religiöse Wahrnehmungen, existentielle Erfahrungen und das Gegebensein der Welt, ihrer Dinge, Prozesse und Gesetze. Das göttliche »Handeln« geschieht auf einer Ebene, zu der die Naturwissenschaft keinen Zugang hat und wo Handeln in einem übertragenen Sinn gemeint ist. Der kausalen Erklärung, zum Beispiel der Entstehung der Sonne, des Lebens oder des Menschen, entspricht auf der partizipatorischen Ebene

[20] Die Trennung von Theologie und Naturwissenschaft wird heute u. a. von J. Fischer stark betont (Freiburger Zeitschrift für Philosophie und Theologie 41, 1994, S. 491). Seine Antwort auf die Frage: »Kann die Theologie der naturwissenschaftlichen Vernunft die Welt als Schöpfung verständlich machen?« ist ein klares Nein.

ein freier göttlicher Wille. Vom Standpunkt der erfolgsgewohnten Naturwissenschaft möchte man einwenden, dass die Methode des Glaubens weder Mondflüge ermöglicht noch Geheimnisse des Urknalls lüftet. Andererseits verspricht wahrer Glaube, im Leben wie im Sterben Orientierung und Sinn zu vermitteln, den Menschen und der ganzen Schöpfung Ausgleich und Frieden zu bringen.

Ist diese Harmonie durch vollständige Trennung aber nicht ein fauler Kompromiss? Werden Naturwissenschaften und Glaube getrennt, gibt es auch keine gemeinsame Sprache, und es ist unmöglich, die Offenbarungsinhalte und den Glauben im Weltbild der modernen Naturwissenschaften verständlich zu machen. Man könnte dann zum Beispiel keine neue Schöpfungsgeschichte aus Elementen der naturwissenschaftlichen Forschung schreiben, denn die Schöpfungstaten hätten keine Beziehung zu den Naturvorgängen. Die religiöse Sprache müsste selbst auf metaphorische Bilder aus der Natur verzichten.

Dagegen rebelliert nun aber die Alltagsvernunft, die wissen möchte, wie denn nur Gottes Handeln in der Welt geschieht. Sie möchte Gott in die Karten sehen oder aber das Wort »Gott« aus ihrem Vokabular streichen. Wenn Gott in der Natur nicht aufzuweisen ist, wie soll es ihn dann geben?[21] Die Sprach- und Wahrnehmungsebene der Naturwissenschaften verdrängt heute zunehmend jene der Religion. Immer weniger Leute verstehen noch die religiöse Sprache. Bei der vollständigen Trennung von Glaube und Naturwissenschaft wären nicht einmal Anhaltspunkte für Gottes Handeln in der Welt auszumachen. Es gäbe kein Interesse für Entsprechungen oder Gleichnisse. Ein Satz wie »Gott machte [...] die Sterne und

[21] Besonders stark betont hat P. W. Atkins (*The Creation,* Oxford 1981), dass der Gottesbegriff angesichts der Erklärungsmacht der Naturwissenschaft überflüssig sei. Auch St. Hawking fragt: «[Wenn das Universum keinen oder einen erklärbaren Anfang hätte], wo wäre dann noch Raum für einen Schöpfer?« (in: *Eine kurze Geschichte der Zeit,* Reinbek 1988, S. 179).

setzte sie an die Feste des Himmels, dass sie auf die Erde leuchten« (Genesis 1,16–17) stünde dann völlig kraftlos und ohne jede Beziehung neben den astrophysikalischen Erkenntnissen über Sternentstehung, wie sie im Kapitel 1.2 beschrieben wurden. Und kann der naturwissenschaftlichen Vernunft eine Ethik zugemutet werden, wenn ihr Gottes Handeln nicht verständlich gemacht werden kann? Genügt es, darauf zu bestehen, dass Gott die Welt erschaffen hat, ohne auf die Wie-Frage einzugehen? Man denke zum Beispiel an die schwierigen Fragen im Umfeld der Gentechnik. Gerade wenn es um konkrete ethische Fragen geht, müssen sich die beiden Sprachen notwendigerweise begegnen. Allein bei der Barth'schen Trennung von Glauben und Naturwissenschaft kann es nicht bleiben.

In den letzten Jahren ist daher von Theologen der Versuch gemacht worden, Gottes freies Handeln und das wissenschaftliche Naturverständnis in eine gegenseitige Beziehung zu bringen.[22] Dazu ist ein übergeordneter Standpunkt nötig, von dem aus Glaube und Naturwissenschaft unter einen gemeinsamen Blickwinkel fallen. Sodann müssen Vergleichspunkte und Berührungsstellen ausgemacht werden, an denen ein Gespräch sinnvollerweise beginnen könnte.

[22] Von besonderem Interesse sind neuere Arbeiten zur Schöpfungstheologie von J. Moltmann, *Gott in der Schöpfung. Ökologische Schöpfungslehre*, München 1985; W. Pannenberg, *Systematische Theologie*, Bd. 2, Göttingen 1988; Ch. Link, *Schöpfung. Schöpfungstheologie angesichts der Herausforderungen des 20. Jahrhunderts*, Gütersloh 1991.

Notwendige Annäherung

Begegnungspunkt Staunen

Ein Begegnungspunkt von Glaube und Naturwissenschaft könnte das Staunen sein. Als Astronom werde ich häufig gefragt, ob ich über die immense Größe des Alls, die unvorstellbaren Zeiträume und die horrenden Energien noch staunen könne. Staunen als ein Bewusstseinszustand des Subjekts wird in der Naturwissenschaft grundsätzlich ausgeklammert und ist kein Teil ihrer Methode. Und doch sieht zum Beispiel Aristoteles gerade im Staunen den Ausgangspunkt aller Naturwissenschaft: Ausgehend vom Staunen über alltägliche Dinge stellt der Mensch Fragen über immer größere Zusammenhänge bis hin zur Entstehung des Universums.[23]

Ein Kind staunt über jeden neuen, ihm fremden Gegenstand. Sein Staunen löst positive Gefühle aus, regt die Entdeckerfreude an und stimuliert das Lernen. Auch Erwachsene staunen gerne über fremde Welten und exotische Bräuche. Selbst gestandenen Naturforschern ist das Staunen nicht fremd. Es sei nur an Galileis erste Blicke durchs Fernrohr auf die Jupitermonde erinnert oder an Darwins Beobachtungen der Finkenvögel auf den Galapagos-Inseln. Ich muss gestehen, dass ich mich an die astronomischen Größenordnungen weitgehend gewöhnt habe. Wie das Bestaunen des Neuen, so verblasst mit der Zeit auch diese Überwältigung. Das Neue wie das Große wird über kurz oder lang ein Teil unserer Erfah-

[23] »Weil sie staunten, haben die Menschen zuerst wie jetzt noch zu philosophieren begonnen; sie wunderten sich anfangs über das Unerklärliche, das ihnen entgegentrat. Allmählich machten sie auf diese Weise Fortschritte und stellten sich über Größeres Fragen, etwa über die Geschehnisse des Mondes und die von Sonne und Sternen und über die Entstehung des Alls.« Aristoteles, Metaphysik I, ii,9.

rungswelt. Wir passen unser Weltbild und unseren Horizont entsprechend an.

Es gibt noch eine besondere Art des Staunens: das staunende »Ah, so ist das« über einen als sinnvoll empfundenen Sachverhalt. Auch im weiteren intellektuellen Bemühen und rationalen Ergründen verliert er nichts von seiner Ästhetik. Immer wieder begegnet man diesem sinnvollen Zusammenhang, und jedesmal staunt man. Nicht die Verblüffung durch ein Mirakel, sondern die Klarheit nach dem Nebel der Unwissenheit evoziert dieses Staunen. Im Folgenden beschreibe ich drei Erfahrungen, die bei mir immer wieder dieses reflektierende Staunen[24] auslösen.

1. Es gibt keinen Hinweis darauf, dass sich die *Ordnung* der Natur, ihre Gesetze und physikalischen Symmetrien seit dem Urknall geändert hätten. Erhaltungssätze und andere Grundgesetze galten vielleicht schon am Anfang des Universums. Es ist erstaunlich, dass sich innerhalb der Messgenauigkeit weder die Masse des Elektrons noch die Gravitationskonstante noch irgend eine andere wesentliche Konstante verändert haben. Energie, elektrische Ladung, Leptonenzahl und andere Kenngrößen des Universums scheinen seit über fünfzehn Milliarden Jahren konstant zu sein.

2. Ich staune, dass trotz dieser Beständigkeit, ja Starrheit, im Laufe der Entwicklung des Universums *Neues* entstand. Das war nur möglich, weil sich die Entwicklung selber entwickelte. Neue Entwicklungsdimensionen eröffneten sich zum Beispiel beim Entstehen von Galaxien, der Bildung von Sternen, indem sich Planeten formten, Lebewesen auftraten, sowie beim Auftauchen des menschlichen Geistes. Stellen wir uns vor, wir könnten uns für einen Augenblick ins frühe Universum wenige Sekunden nach dem Anfang zurückversetzen: Wir sind umgeben von einem heißen Gas aus wenigen Sorten

[24] Das Staunen ist nicht zwingend. Steven Weinberg schreibt im Schlußkapitel seines Buches *Die ersten drei Minuten*, München 1977, S. 212: »Je begreiflicher uns das Universum wird, um so sinnloser erscheint es auch.«

von Elementarteilchen. Es gibt weder Planeten noch Sterne. Das Universum besteht nur aus einem Gas, das in allen Richtungen gleichförmiger ist als die irdische Luft, ohne Wolken und ohne Höhenunterschiede. Wir könnten uns kaum vorstellen, dass aus dieser eintönigen Homogenität je etwas so Komplexes wie Lebewesen entstehen werden. Bereits die Bildung der ersten Strukturen, der Galaxienhaufen und Protogalaxien, wäre eine Überraschung. (Sie ist übrigens heute noch nicht verstanden.) Die weitere Entwicklung über Sterne zu Planeten bis zu menschlichen Wesen könnten wir unmöglich voraussagen. Aus dieser Sicht kam das Neue absolut unerwartet, auch wenn es vielleicht später einmal kausal erklärt werden kann.

3. Das Elementarste und zugleich Rätselhafteste im Universum ist wohl die Zeit. Im Gegensatz zum Raum bleiben dem Menschen der Griff nach der Zeit und die Verfügung über sie weitgehend verwehrt. Die Zeit ist auch Grundbedingung der Entwicklung des Universums. Jeder noch so kleine Kausalschritt oder Zufall ist nicht möglich ohne ein Vorher und Nachher, ohne ein gewisses Quantum an Zeit. Woher kommt die Zeit, wie entstehen fortwährend diese neuen Möglichkeiten der Entwicklung?

Diese drei Quellen des Staunens bilden eine bemerkenswerte Einheit. Sie bedingen sich gegenseitig und stehen in einem engen Verhältnis zueinander. Ohne die bewahrende Beständigkeit der physikalischen Konstanten hätte sich zum Beispiel das Leben auf der Erde nicht bilden können, denn ohne Ordnung kann nichts Neues entstehen. Die Zeit wiederum, als Bedingung der Entwicklung, scheint mehr als nur ein Ordnungsmuster des Universums zu sein und, in Verbindung mit kausalen Gesetzen und dem Zufall, kreative Potenz zu haben.

Als besonders eindrucksvoll und harmonisch empfinde ich, dass sich die ganze Physik auf einige wenige Gesetze gründet, die mathematisch formuliert werden können. Millionen von Erscheinungen der atomaren und subatomaren Welt wurden in den letzten fünfzig Jahren erfolgreich mit einer einzigen Theorie, der Quantenmechanik, beschrieben. Ihr Kern ist die Schrödinger'sche Gleichung, nach der alle diese Naturvorgänge vor sich gehen. Die Grundprozesse der Natur scheinen einfach zu sein. Aber die Vorgänge auf der nächsthöheren Stufe, im Molekül, sind bereits so verflochten, dass sie nur angenähert und mit größter Mühe auf die physikalischen Grundgesetze zurückgeführt werden können. Bereits die Chemie braucht daher neue Begriffe und Konzepte, welche in der Sprache der Physik nicht enthalten sind. Offensichtlich beinhalten die einfachen Grundgesetze des Universums auch die Möglichkeit zu hoch komplexen Verknüpfungen bis hin zu qualitativer Entwicklung. Je mehr wir davon verstehen, desto mehr erstaunt die Eleganz und Zweckmäßigkeit der Natur.

Mit dem Staunen verlasse ich die naturwissenschaftliche Objektivität. Ich gehe auf eine Beziehung zu den Objekten ein, gestatte ihnen, aus der passiven Rolle herauszutreten, und lasse zu, dass sie auf mich zurückwirken.

Krise der Metaphysik

Was im Staunen über jeden Zweifel erhaben ist, wird aber beim Nachdenken dem Verstand immer neu zum Problem. Wer hätte nicht schon in einer emotional ansprechenden Stimmung in der freien Natur gespürt, dass sie durch die wissenschaftlich bekannten Fakten hindurch transparent ist für ein Geheimnis, das ihr wahres Wesen ausmacht? Die philosophische Metaphysik, die aus diesem Überschuss das wahre Sein der Dinge oder Gott zu ergründen suchte, ist schon von Immanuel Kant hinterfragt worden und dann im Laufe des 19. Jahrhunderts gründlich gescheitert. Die metaphysischen Naturtheorien und Gottesvorstellungen uferten damals in einen eigentlichen Überbau aus, der über den Naturerfahrungen aufgespannt wurde. Die Kritik bemängelte, dass diese Spekulationen nicht notwendig aus den naturwissenschaftlichen Wahrnehmungen folgten und die Schlussfolgerungen nicht zwingend seien. Die Metaphysik des deutschen Idealismus geriet zudem in den Verdacht, ideologisch zu sein und eine bestimmte religiöse Weltschau zu vertreten und zu verteidigen. Ähnlich erging es der natürlichen Theologie, von der mittelalterlichen Scholastik bis zur liberalen Theologie des 19. Jahrhunderts, die von Naturphänomenen auf Gott zu schließen versuchte. So wurde zum Beispiel aus der den Menschen im Allgemeinen wohlgesinnten Natur auf die Existenz eines gnädigen Gottes geschlossen. Gott wurde damit in die Nähe der naturwissenschaftlichen, beziehungsfreien Sprachebene gerückt und dort zum Gegenstand philosophischer Behauptungen und Kontroversen gemacht. Der Versuch, von der Natur auf Gott zu schließen, musste fehlschlagen, weil Gott und die naturwissenschaftliche Wirklichkeit auf verschiedenen Ebenen liegen. Auch was heute Anlass zum Staunen gibt, kann daher kein zwingender Hinweis auf Gottes direktes Handeln sein.

Mit der vorgewählten existentiellen Einstellung des Glaubens wird das Staunen ein möglicher Anknüpfungspunkt zur Naturwissenschaft. Aus der Sicht des Glaubens bekommen die naturwissenschaftlichen Erkenntnisse über Vorgänge und Eigenschaften des Universums eine hermeneutische Funktion: Sie bringen Menschen zum besseren Verstehen dessen, was sie bereits glauben. Ordnung, Kreativität und Zeit sind Berührungspunkte, zu denen sowohl der Glaube wie auch das Wissen Zugang haben. Die naturwissenschaftlichen Erkenntnisse können somit zu Hinweisen und Bildern werden, die erläutern, wie der Begriff der Schöpfung mit dem modernen Weltbild zu verstehen ist. Sie beweisen nicht den Gottesglauben, machen ihn aber sowohl für den Glaubenden wie auch für den Außenstehenden verständlich und realitätsbezogen.

Umgekehrt kann auch der Glaube das moderne Weltbild interpretieren. Aus der Sicht des Glaubens wird staunend eine

»Tiefendimension« im Universum wahrgenommen. Sie ist keine direkte Gotteserkenntnis, deutet jedoch auf eine transzendente Einbettung des Alls in etwas Umfassendes. Glaube und Naturwissenschaft bleiben Erfahrungsformen verschiedener Ebenen, können sich aber auf diese Weise gegenseitig beeinflussen. Naturwissenschaft ersetzt nicht den Glauben und umgekehrt. Glaube und Naturwissenschaft können sich nur gegenseitig interpretieren und sich einander nähern, wenn beide bereits vorhanden sind. Im Hinblick sowohl auf die Sinnfindung des Menschen wie auch auf eine Ethik der menschlichen Tätigkeit in der Natur und insbesondere in der Wissenschaft ist eine derartige Annäherung notwendig.

Das biblische Vorbild

Die alttestamentlichen Schöpfungsberichte (Genesis 1 und 2) wenden sich an Zuhörer aus einem Kulturkreis, in dem die Gegenstände der Natur noch weitgehend als Gottheiten in enger Beziehung zum Menschen standen. Licht, Wasser und Himmelskörper waren im Vorderen Orient nicht natürliche Dinge im heutigen Verständnis. Vielmehr verkörperten sie bedrohende oder hilfreiche Göttinnen und Götter oder ihre Lebensbereiche. Die biblischen Schöpfungsberichte entgöttlichen die Natur, indem sie die vermeintlichen Götter als geschaffene Dinge erklären. Das Geflecht der Beziehungen blieb aber so dicht, dass sich die damaligen Menschen nicht als von Gott und Natur getrennte Subjekte im neuzeitlichen Verständnis fühlten. Die Transzendenz Gottes, wie sie jene Berichte gegen die Vorstellungen von Naturgottheiten verkünden, verlangt daher keine andere Sprachebene, sondern eine andere Bewertung der Welt und der Beziehung des Subjekts zur Welt.

Gemäss dem damals üblichen Weltmodell wurde die Erde als Scheibe vorgestellt, überwölbt vom glockenförmigen Himmel. Die Materialien der Schöpfungsberichte, das Licht, die Großen Wasser über dem Firmament, neben und unter der Erdscheibe, Seeungetüme, Himmelskörper usw. sind Allgemeinwissen zu jener Zeit im Vorderen Orient. Sie werden weder lexikalisch vollständig aufgeführt noch erklärt, bilden aber den Hintergrund für die theologischen Aussagen. Gerade das Wissen von der Welt ermöglicht es, von Gott zu reden.

Auch die biblischen Psalmen sind Beispiele für diese Sprache und diesen Geist. Aus der damaligen Sicht der Welt werden in Psalmen Lob, Dank und Bitten vor Gott gebracht. Das allgemeine Wissen, die persönliche Erfahrung und die alttestamentlichen Offenbarungen stehen in einem zwanglosen Zusammenhang. Die Perspektive ist auf den handelnden Schöpfer ausgerichtet, ohne den Blick auf die Fragen zu werfen, wie die Gegenstände des Lobes etwa kausal zu erklären sind oder wie die Bitten denn nun verwirklicht werden sollen. Gottes Handeln ist wie ein Berg am Horizont, der das Ziel, nicht aber den Weg angibt.

Das Universum als Schöpfung

In diesem Schlusskapitel des ersten Teils wird der Versuch gemacht, die naturwissenschaftlich erklärbare Welt auf der Sprachebene des Schöpfungsglaubens wahrzunehmen, analog wie das vor bald dreitausend Jahren geschah. Dürre Worte und graue Theorie eignen sich dazu weniger als ein Beispiel. Ich habe den Aufbau und die Form von Psalm 19, einem eigentlichen Schöpfungspsalm, übernommen. Die Ergebnisse der alttestamentlichen Forschung, soweit mir zugänglich, habe ich berücksichtigt und den Psalm in unserer Sprache sowie auf dem Boden der neutestamentlichen Tradition neu geschrieben. In den Psalmen klingt bereits das Staunen darüber an, dass das Universum wohl geordnet und doch kreativ ist. Es ist heute ein wichtiger Berührungspunkt von Glaube und Naturwissenschaft. Zum Grundmuster eines Psalms gehört es, Beziehungen zwischen Mensch, Natur und Gott auszudrücken. Die Metaphysik – man hätte früher von der Weisheit gesprochen – ist nicht ohne Bezug zum persönlichen Leben des Psalmisten. Die Beziehung des Menschen zu Gott gewinnt Gestalt als Lob und Gebet.

Es ist lohnend, dazu auch das Original von Psalm 19 zu lesen, das beileibe nicht ersetzt werden soll. Für den ungeübten Bibelleser sei angemerkt, dass Schöpfungspsalmen nicht als populärwissenschaftliche Kurzfassungen, sondern eher als ein Gedicht »mit dem Herzen« gelesen werden wollen.

Abbildung 8: Die Andromeda-Galaxie (M31) in 2,2 Millionen Lichtjahren Entfernung sieht unserer Milchstraße sehr ähnlich. Sie enthält dreihundert Milliarden Sterne, die eine flache Scheibe um einen hellen Zentralkörper bilden. Zwei Zwerggalaxien umkreisen die Galaxie (Foto: Mount Palomar).

Ein neues Loblied

Der Kosmos rühmt Gottes Größe
und die Geschöpfe loben den Meister.
Von Galaxie zu Galaxie
breitet sich das Wissen aus,
eine Generation raunt es der nächsten zu
mit unhörbarer Sprache, auch ohne Bits.

Vom Rand des Universums,
in 10^{23} Kilometer Entfernung,
braucht das Licht der Quasare zehn Milliarden Jahre,
um unsere Teleskope zu erreichen.
Hundert Milliarden Galaxien entgleiten
im expandierenden Raum
und wieder hunderte von Milliarden Sterne
drehen sich wie eine Töpferscheibe
um den geheimnisvollen Kern jeder Galaxie.
Der Sonne Glanz,
pro Sekunde das Millionenfache
des jährlichen Energiebedarfs der Menschen,
und die Fülle der Erde haben
Millionen Arten von Lebewesen hervorgebracht,
jedes Einzelne ein Wunder
an Zweckmäßigkeit und Schönheit.
Hochmolekulare chemische Vorgänge in den Zellen
ermöglichen das Leben.
Sie werden durch Millionen von Genen gesteuert,
Kunstwerken aus Tausenden von Nukleotiden,
und jedes von diesen wiederum
ein Doppelring aus einem Dutzend Atomen.
Atomkerne, von Elektronenwolken umkreist,
sind im Verhältnis zur Erde so klein
wie diese im Vergleich zum ganzen Universum.

Sie alle künden von seiner Weisheit.
Ihre Sprache sind nicht die Wissenslücken,
sondern die Vollkommenheit
der Symmetrien und Gesetze,
von denen wir viele noch nicht kennen.
Ihre Beständigkeit lässt uns
die zeitlose Treue Gottes erahnen.
Doch sind die Gesetze nicht starr,
auch im Zufall geschieht sein Wille.

Alle Dinge im Universum,
vielleicht auch das Universum selber,
werden nach Gesetz und durch Zufall zerfallen.
Der Tod scheint die Welt zu beherrschen.
Aber auch völlig Neues ist entstanden,
das noch nie zuvor war. Unerwartet
konnten sich neue Dimensionen und Formen entwickeln.
Aus *Karfreitag* hat Gottes Güte *Ostern* werden lassen,
in der Verzweiflung einer großen Katastrophe
entstand Neues nach seinem Willen.
Das gibt uns Hoffnung in unserem eigenen Tod
und für die Zukunft des Alls.

Jede Sekunde, die durch unser Herz und
das ganze Universum tickt,
ist eine neue Schöpfung.
Sie lässt uns die Nähe des Schöpfers
und seines Wirkens spüren.
In jedem Augenblick stirbt Altes,
entsteht Neues, entwickelt sich die Welt.
In der Zeit ist die Gegenwart Gottes eingeprägt.
Wir können sie nachlesen im Buch der Evolution,
in dem wir selber einen Abschnitt bilden.

Gottes Wirken übersteigt das Wissen
in unseren Datenbanken.
Nähern wir uns ihm mit Ehrfurcht,
so werden wir empfänglich
für die Vollkommenheit der Gesetze,
offen für das Neue, das uns in Jesus entgegentritt,
dann wird uns die Nähe Gottes bewusst
in Raum und Zeit.

Mögen dir meine Bilder und Formeln gefallen
und meine innersten Gedanken zu dir gelangen,
Gott, Du mein Zentrum und Ursprung des Alls!

Fazit

Gott lässt sich im Kosmos nicht naturwissenschaftlich nachweisen, denn die Naturwissenschaft hat mit Kausalitätspostulat und Objektivität eine Verfahrensweise und Sprache gewählt, mit der Gott nicht wahrgenommen werden kann. Einen Abglanz von Gottes Wirken in der Natur kann aber die »religiöse Vernunft« durchaus wahrnehmen, zum Beispiel in der Beständigkeit der Naturgesetze, die Neues hervorbringen, und in der ständigen Erschaffung neuer Gegenwart anscheinend aus nichts. Das bedeutet, dass man Schöpfung heute nur so verstehen kann, dass sie sich nicht in fernster Vergangenheit abspielte, sondern sich während der ganzen Entwicklung des Universums inklusive hier und jetzt wie auch in fernster Zukunft ereignet. Dieser Gedanke wird wichtig, wenn es im letzten Teil des Buches um die Hoffnung geht.

Der Anfang des Universums ist das Thema des nun folgenden zweiten Teils. Zunächst ist die zentrale Frage: Was ist wirklich? Die Antwort ist abhängig von der gewählten Methode und der Art, wie man an diese Wirklichkeit herantritt: ob als objektivierender, unbeteiligter Fragesteller oder als mitbetroffener Teil eines Ganzen.

2. Teil

Physik und Wirklichkeit

Eine astronomische Atemmeditation

Beim Atmen tauschen wir lebenswichtige Substanzen aus; ohne Atmen könnten wir kaum eine Viertelstunde leben. Unser wichtigster Handelspartner ist die Luft! Weil ich sie nicht sehe, ist meine bildliche Vorstellung von ihr eingeschränkt. Auch wenn ich sie im Sturm höre, auf der Haut spüre und manchmal rieche, bleibt sie geheimnisvoll. Daran ändert sich nichts, wenn ich sie aus einer unvorstellbar großen Zahl kleiner Moleküle bestehend weiß. Denn mit dem inneren Auge kann ich mir nur einzelne Luftmoleküle und diese nur bildlich vorstellen. Ein Stickstoffmolekül zum Beispiel hat die Gestalt zweier mit Stahlfedern verbundener Kugeln: die beiden Stickstoffatome, die sich umeinander drehen, leicht gegeneinander schwingen und alle Milliardstelsekunden mit einem anderen Molekül zusammenstoßen. Jedes dieser unscheinbaren Gebilde hat eine spannende Vergangenheit von vielen Milliarden Jahren.

Beim tiefen Einatmen füllt sich meine Lunge mit etwa einem Liter Luft. Das Gas dieses Luftvolumens besteht aus $3 \cdot 10^{22}$ frei beweglichen, einzelnen Molekülen. Drei Viertel davon sind Stickstoffmoleküle, und ein knappes Viertel sind ähnlich gebaute Sauerstoffmoleküle. Der Rest besteht aus Wassermolekülen, Argonatomen und einigen selteneren Komponenten. In den rund dreihundert Millionen Lungenbläschen wird ein Teil des Sauerstoffs vom Blut aufgenommen und gegen Kohlendioxyd, ein Abfallprodukt des Stoffwechsels, ausgetauscht. Der Stickstoff und die anderen Gaskomponenten bleiben unverändert.

Nach dem Ausatmen durchmischen sich die Moleküle aus meiner Lunge mit jenen der Außenluft. Messungen nach Atombombenexplosionen und Reaktorunfällen haben eindrücklich und alarmierend demonstriert, wie von einem einzigen Ort der Erde aus einzelne Atome mit der Zeit in den hintersten Winkel jeden Hauses gelangen. Genau gleich werden die ausgeatmeten Moleküle innerhalb weniger Jahre durch Winde über die ganze Erde verteilt. Die irdische Lufthülle enthält etwa 10^{44} Moleküle. Vermischen sich die ausgeatmeten Moleküle eines einzigen Atemzuges mit der ganzen Lufthülle, gibt es im Durchschnitt davon zehn Moleküle pro Liter Luft. Nach den Regeln des Zufalls ist nur in jedem hundertsten Liter Luft keines davon enthalten. Die reaktionsarmen Stickstoffmoleküle bleiben Jahrtausende in der Atmosphäre und nehmen damit an allem teil, was sich darin abspielt.

In jedem tiefen Atemzug müssen demnach einige Moleküle dabei sein, die ich im ersten Schrei nach meiner Geburt ausgestoßen habe. Im selben Atemzug atme ich solche ein, die dabei waren, als Diogenes sich vom König wünschte: »Geh mir aus der Sonne!«, oder von jenen, die Jesus aushauchte in seinem letzten Wort: »Es ist vollbracht!«

Stickstoff und Sauerstoff sind nicht der Stoff, aus dem die Welt ursprünglich bestand. Wie im Kapitel 1.2 geschildert, bildeten sich die meisten Bestandteile der irdischen Luft durch Kernverschmelzung von Helium im glühend heißen Innern alter Sterne und wurden nach Millionen von Jahren im Sternwind oder durch eine Supernova-Explosion in den interstellaren Raum verfrachtet. Dort kühlte sich das heiße Gas auf Weltraumkälte ab zu einer Temperatur von nur wenigen Grad über dem absoluten Nullpunkt[25]. Es bildeten sich Staub- und Eiskörnchen, die unter anderem Sauerstoff und Stickstoff enthielten. Nun begann eine lange Reise, während derer sich der Staub wieder mit dem ursprünglichen interstellaren Gas vermischte, vielleicht mit diesem wieder zu einem Stern wurde

[25] Im absoluten Nullpunkt bei minus 273 Grad Celsius ist keine Wärmeenergie mehr im Gas vorhanden. Daher ist dies die tiefste überhaupt mögliche Temperatur.

und nochmals ausgeworfen wurde, sich wieder neu bildete und so weiter, bis die Eiskristalle beim Entstehen der Erde schmolzen und verdampften und Sauerstoff und Stickstoff schließlich nach Milliarden von Jahren zu unserer Lufthülle wurden.

Noch älter sind die beiden Wasserstoffatome, die in jedem Wassermolekül stecken. Sie bildeten sich aus je einem freien Elektron und Proton im ionisierten Plasma des frühen Universums. Als sich etwa eine halbe Million Jahre nach dem Urknall die gesamte Weltmaterie auf dreitausend Grad abkühlte, stabilisierte sich die Elektron-Proton-Verbindung zum Wasserstoffatom. Mit dem Phasenübergang vom Plasma zum Wasserstoffgas wurde das Universum mit einem Schlag durchsichtig. Später reagierten die Wasserstoffatome mit dem Sauerstoff der ersten Sterne und bildeten Wassermoleküle.

Luft enthält die ganze Vergangenheit des Universums. Durch das Atmen fühle ich mich sowohl mit der menschlichen wie auch mit der kosmischen Geschichte verbunden. Ich nenne diese Betrachtung eine Meditation, weil sie das Ich mit einschließt. Ich begegne in ihr einer Wirklichkeit, welche die naturwissenschaftlichen Erkenntnisse zwar voraussetzt, jedoch zu ganz anderen Erfahrungen führt, die nicht vollständig in Worte zu fassen sind.

Zum Verhältnis von Subjekt und Objekt

Seit dem 18. Jahrhundert steht die Wissenschaft im Ruf, eine einfache, mathematisch beschreibbare Wirklichkeit zu vermitteln. Zu diesem Bild beigetragen hat, dass das komplizierte Ich des Menschen ausgeblendet wird. Gerade das ist heute nicht mehr vollständig möglich. In der modernen Physik, der die Quantenmechanik[26] zugrunde liegt, ist das Verhältnis zwischen beobachtendem Subjekt und dem beobachteten Objekt eigenartig verschlungen. Die Welt der Quanten existiert nicht losgelöst vom Subjekt, denn die Wirklichkeit wird erst durch die Beobachtung endgültig geschaffen. Das ist ein unverständlicher und harter Brocken, den selbst die Physiker noch nicht ganz geschluckt haben, und doch sind die heute wichtigsten Zweige der Technik ohne die Quantenphysik nicht denkbar. Die physikalische Wirklichkeit und ihr Subjekt-Objekt-Verhältnis sind das Thema dieses Kapitels.

Die Unschärfe der Quantenmechanik

Die Wirklichkeit der modernen Physik hat mit der Unschärfe und mit der Wellennatur der Materie zu tun. In der Quantenmechanik werden Elementarteilchen nicht als Kügelchen oder Punkte angenommen wie in der klassischen Physik, sondern durch eine *Zustandsfunktion* beschrieben. In der Sicht der Quantenmechanik ist ein Teilchen wie zu einem diffusen Wölkchen verschmiert. Überraschenderweise sind Größe und

[26] Zur Beschreibung mikrophysikalischer Vorgänge ist die 1900 von Max Planck begründete Quantentheorie notwendig. Sie wurde um 1925 von N. Bohr, W. Heisenberg und E. Schrödinger zur mathematisch konsistenten Quantenmechanik ausgebaut. Eine ausführliche, allgemein verständliche Einführung in die Quantenmechanik veröffentlichte zum Beispiel H. R. Pagels, *Cosmic Code*, Berlin 1983.

Form dieser Wolke nicht Eigenschaften des Teilchens, sondern hängen vom Experiment ab, mit dem man das Teilchen beobachtet. Das Quadrat der Zustandsfunktion bedeutet die Wahrscheinlichkeit, mit der sich das Teilchen an einem gewissen Ort und zu einer gegebenen Zeit befindet, wie Max Born bereits 1926 gezeigt hat. Wo diese Wahrscheinlichkeit groß ist, findet man das Teilchen häufiger als an anderen Orten. Es lässt sich aber nicht voraussagen, wo es zu einem gewissen Zeitpunkt sein wird. In der Quantenmechanik ist die Zukunft eines Teilchens nicht mechanistisch exakt festgelegt wie in der klassischen Mechanik. Das zukünftige Geschehen ist durch die Entwicklung seiner Zustandsfunktion gegeben und nur statistisch determiniert. Obwohl mehr als ein halbes Jahrhundert alt, wirkt dieses Ergebnis der Quantenmechanik heute ebenso revolutionär wie damals, denn unser Denken ist weitgehend klassisch geblieben.

Solange das Teilchen nicht beobachtet wird, verhält sich seine Zustandsfunktion mathematisch wie eine Welle im dreidimensionalen Raum. Die Vorstellungen als Welle oder als Teilchen bezeichnete Niels Bohr als komplementär. Mathematisch und sachlich schließen sie sich gegenseitig aus, doch hängt das zu wählende Bild von der Art des Experimentes ab. So sind zum Beispiel Gammastrahlen und Radiowellen physikalisch dasselbe wie Licht, nur mit anderen Wellenlängen und anderer Energie. Gammastrahlen misst man mit Detektoren und beobachtet einzelne Photonen, die in diesem Augenblick als punktförmige Teilchen erscheinen. Radiowellen hingegen misst man technisch einfacher mit Empfängern, die auf Wellen ansprechen. So können zum Beispiel Radiointerferometer dieselbe Welle mit Teleskopen aufspüren, die im Abstand von Tausenden von Kilometern aufgestellt sind. Radiowellen treten aber auch als einzelne Photonen auf, wenn sie zum Beispiel ein Molekül mit wenigen zehnmillionstel Millimetern Durchmesser treffen und zu Schwingungen anregen. Das Wesen des Photons wird erst bei seiner Beobachtung bestimmt. Es ist sinnlos, vom Wellen- oder Teilchencharakter eines Quantenobjekts zu sprechen, ohne die Beobachtungsmethode anzugeben, mit der man es messen will.

Dass die Aufenthaltswahrscheinlichkeit von Teilchen sich wellenförmig ausbreitet, unterscheidet die Quantenwirklichkeit von der klassischen Sicht. Die Materiewelle eines Teilchens verhält sich ähnlich wie eine Welle auf einem See. Sie wird abgelenkt an einer Mauer, reflektiert an einem Hindernis, breitet sich nach dem Durchgang durch ein Loch kugelförmig aus und kann mit sich selber interferieren. Diese Eigenschaften zeigen, dass es sich um eine wirkliche Welle handelt. Der wichtigste Unterschied ist, dass die klassischen Oberflächenwellen eines Sees nie als Teilchen erscheinen. In unserer Anschauung und in der klassischen Physik Newtons widersprechen sich die Eigenschaften von Teilchen und Wellen diametral.

Wie können denn Elektronen gleichzeitig Teilchen und Wellen sein? Das Newton'sche Weltbild gestand Teilchen und Wellen eine objektive Wirklichkeit zu, auch wenn man sie nicht beobachtet. Die Kopenhagener Schule von Bohr und Heisenberg indessen folgerte aus der Welle-Teilchen-Komplementarität, dass es auf der Stufe der Atome und Elementarteilchen keine Wirklichkeit gibt, solange wir sie nicht beobachten. Die Quantenwelt ist unbestimmt und kann nur statistisch beschrieben werden bis zum Zeitpunkt, da wir mit einer Messung eingreifen.

Eine wichtige Folge davon ist die *Unschärfe* in Ort und Impuls eines Teilchens, die nicht gleichzeitig beliebig genau messbar sind. Ort und Impuls nennt man ein konjugiertes Paar. Je genauer der Ort bekannt ist, desto ungenauer ist der Impuls. Ein anderes konjugiertes Paar sind Energie und Zeit. Je weniger Zeit man hat für die Messung, desto ungenauer lässt sich die Energie bestimmen. Ein anschaulicher Grund der Unschärfe ist die Wellennatur der Zustandsfunktion. Die Theorie ist auf diese Weise mit sich selber konsistent, denn auch die Beobachtungsmittel sind unscharf. Wie wenn ein Blinder mit den Händen eine rollende Kugel sucht, übertragen die Messinstrumente einen unscharfen, unbekannten, kleinen Betrag an Energie. Selbst wenn wir den Gegenstand nur anschauen, sind die Information vermittelnden Photonen des Lichtes unscharfe Wellenpakete und rapportieren unscharfe Bilder. Je kleiner der untersuchte Gegenstand, desto gravierender ist der Einfluß der unscharfen Untersuchungsgeräte, auch wenn diese schließlich nur noch Photonen sind. Nicht *wir* verursachen die Unschärfe, sondern wir mit unseren Beobachtungsinstrumenten haben daran teil. Da wir ohne Beobachtung die Wirklichkeit nicht erfahren können, ist die Unschärfe für uns eine unumgängliche Realität.

Die Quantenmechanik wurde im Laufe dieses Jahrhunderts zum leistungsfähigsten Werkzeug in den Händen der Naturwissenschaft. Sie hat die klassische Dynamik als Zentraldisziplin verdrängt und ist die vereinigende Grundlage der modernen Physik und Chemie. Noch nie hat eine einzige Theorie so viele Beobachtungsphänomene erklärt. Die Quantenunschärfe spielt nicht nur eine wichtige Rolle im Bereich des Allerkleinsten, sie beansprucht auch Platz in unserem Leben. Quanteneffekte in Lebewesen sind überraschend häufig. Unser Gehör wird begrenzt durch die Quantenunschärfe der Härchen an den Rezeptorzelien im Innenohr. Das empfangene Signal wird über Nervenbahnen, welche dank einem Quanteneffekt in organischen Molekülen elektrisch leitend sind, ins Hirn geleitet, wo wahrscheinlich die meisten Prozesse quantenartig sind. Die Erde wird dauernd bombardiert von energiereichen Elementarteilchen aus dem All. Trifft ein kosmisches Teilchen nach mehreren Stößen mit atmosphärischen Molekülen auf ein Gen in der Keimzelle eines Lebewesens, ist die Einschlagsstelle und damit die Veränderung und die Mutation nicht vorausdeterminiert. Die Unschärfe spielt auch eine entscheidende Rolle bei der Zeugung, wenn sich die Erbsubstanz beider Eltern in Zufallsprozessen zu neuen

Genen formiert. Die menschliche Existenz ist unmittelbar verknüpft mit Unschärfen und Zufälligkeiten der Quantenwelt.

»Gott würfelt nicht«, hat Albert Einstein der neuen Physik entgegengehalten, zu der er anfänglich selber viel beigetragen und für die er sogar den Nobelpreis erhalten hat. Er konnte nicht glauben, dass es den echten Zufall gibt. Doch der physikalische Teil der Aussage, die Quantenunschärfe, hat sich durchgesetzt und bestätigt. Mit Borns statistischer Interpretation der Zustandswelle verließen die Physiker das mechanistische Weltbild und das Uhrwerkparadigma. Die Natur in ihren kleinsten Elementen ist hinter einem Vorhang von Unschärfe verborgen. Wir wissen nicht, was sie dahinter tut, bis sie durch einen irreversiblen Messakt wirklich wird. Was wir dann wahrnehmen, ist ein Zufallsbild. Doch die Zufälligkeit hat System, denn die Mittelwerte über viele Ereignisse verhalten sich deterministisch und im Allgemeinen so, wie es die klassische Physik voraussagt. Ein Gott, der hinter dem Vorhang würfelte, wäre für den Allgemeinfall bedeutungslos und müsste sich streng an die vorgeschriebenen Mittelwerte halten. Dazu braucht es Gott nicht, jeder Spielautomat tut das. Einstein wollte keine theologische Aussage machen, sondern festhalten, wenn die Quantenphysik Recht habe, sei die Welt verrückt. Das scheint in der Tat der Fall zu sein.[27] Einstein war als klassischer Physiker noch davon überzeugt, dass die Realität letztlich erkennbar sei. Sie ist es nicht, wie Bohr und seine Nachfolger zeigten.

Was ist physikalische Wirklichkeit?

Der Messvorgang ist der entscheidende Schritt zur erfahrbaren Wirklichkeit in der Quantenwelt. Nach Niels Bohr und Wer-

[27] Niels Bohr soll gesagt haben: »Wer von der Quantentheorie nicht schockiert ist, hat sie nicht verstanden.«

ner Heisenberg, gemäß der sogenannten Kopenhagener Deutung, hat die Quantenwelt keine Objektivität und besteht bis zur Beobachtung nur aus Wahrscheinlichkeiten. *Ein Ereignis, ein Vorgang oder gar ein Objekt sind erst wirklich, wenn sie gemessen werden.* Dieses Konzept erfordert eine Unterscheidung zwischen Beobachter und untersuchtem Objekt. Wo aber ist diese Trennlinie, und wer ist Beobachter? Wann genau wird ein Objekt wirklich? Ist es dann, wenn der Computer die Messgeräte abliest, die Wissenschaftler die Messungen zur Kenntnis nehmen oder wenn Außenstehende von den Resultaten hören? Die Kopenhagener Interpretation schreibt nur vor, dass eine Unterscheidung zwischen dem Beobachter und dem beobachteten Gegenstand getroffen werden muss, sagt aber nicht, wo diese Trennlinie zu ziehen ist.

Erstaunlich ist, dass von der Quantenmechanik nur der brillante mathematische Apparat wirklich klar und bereits seit Ende der Zwanziger Jahre gut bekannt ist. Er hat seither Millionen von ausnahmslos richtigen Resultaten geliefert. Erst beim Übersetzen der mathematischen Formeln in menschliche Sprache und Konzepte, wie »Objekt« oder »Subjekt«, treten rätselhafte Deutungsprobleme auf. Es ist nicht klar, ob die Theorie in diesem Punkt noch unvollständig oder die Quantenwelt wirklich absurd ist. Möglicherweise ist beides der Fall. Die Schwierigkeiten erinnern an die Sprachlosigkeit religiöser Erfahrungen.[28]

Die Kopenhagener Deutung interpretiert das Resultat von Versuchen im Labor, macht aber keine Aussagen über die Wirklichkeit des ganzen Universums inklusive der Beobachterinnen und Beobachter. Wendete man die Kopenhagener Deutung auf das Universum an, würde sie aussagen, dass der Kosmos ohne beobachtende Menschen nicht wirklich existie-

[28] Werner Heisenberg schreibt in *Der Teil und das Ganze*, München 1969, S. 326: »Die Quantentheorie ist [...] ein wunderbares Beispiel dafür, dass man einen Sachverhalt in völliger Klarheit verstehen kann und gleichzeitig doch weiß, dass man nur in Bildern und Gleichnissen davon reden kann.«

re. Diese Konsequenz, die auch die Kopenhagener nicht so weit zogen, wollen die meisten Physiker nicht akzeptieren. Natürlich kann man die quantentheoretische Methode auch auf makroskopische Objekte, zum Beispiel auf Katzen, anwenden. Nur auf die Frage, ob eine Katze in einem abgeschlossenen Kasten noch lebt, darf man nicht quantenmechanisch antworten: »Es gibt dort eine halbe lebende und eine halbe tote Katze, verschmiert durch den ganzen Kasten«, wie es Erwin Schrödinger[29] einmal im Scherz formulierte. Ihre quantenmechanische Wahrscheinlichkeitswelle dürfen wir uns nicht als etwas objektiv Seiendes vorstellen. Genau das verbietet der Indeterminismus der Quantenmechanik, denn ohne Beobachtung ist das Tier für das fragende Subjekt nicht wirklich.

Die Wirklichkeit der Katze im Kasten lässt sich allerdings nachträglich objektiv rekonstruieren. Lebt sie noch beim Öffnen, muss sie während des ganzen Experimentes geatmet haben. An der Abnahme des Futters kann man ihre Fresslust ablesen. Ist sie gestorben, kann vielleicht aus der Körpertemperatur die Todesstunde berechnet werden. Für den Flug eines einzelnen Elektrons durch ein Loch in der Wand liegt der Fall anders. Es hinterlässt keine irreversiblen Spuren, die nachträglich noch beobachtet werden könnten. Schrödingers Bild ist daher kein Paradox, sondern ein Lehrstück, wie man die Quantenrealität verstehen muss. Nicht das Bewusstsein bringt die Wirklichkeit hervor, sondern die Beobachtung, die als irreversibler Prozess Information vom Objekt auf ein anderes überträgt. Umgekehrt ist jeder irreversible Schritt im Prinzip beobachtbar oder rekonstruierbar. Die Quantenmechanik deutet auf einen engen Zusammenhang von irreversibler Zeit

[29] E. Schrödinger hat 1935 ein kluges Gedankenexperiment erdacht, mit dem er das scheinbar Verrückte der Quantenmechanik aufweisen wollte. Eine moderne Fassung veröffentlichte R. Penrose, *The Emperor's New Mind*, Oxford 1989, S. 290; allgemein verständlicher ist die Version von H. R. Pagels, *Cosmic Code*, Berlin 1983, S. 143.

und objektiver Wirklichkeit hin. Die Wirklichkeit verlangt als ihren Tribut das irreversible Fortschreiten der Zeit.

Der tiefste Grund für die quantenmechanische Unschärfe liegt darin, dass einerseits ein wahrnehmendes, vom Objekt streng getrenntes Subjekt notwendig ins physikalische Bild kommt, dass aber andererseits Subjekt und Objekt während einer Beobachtung nicht scharf getrennt werden können. Ohne Unschärfe würde sich die Quantenmechanik selber widersprechen. Auch das Subjekt und seine Beobachtungsinstrumente sind in diesem Moment Teile der Quantenwelt. Das Subjekt war im Weltbild der klassischen Physik noch nicht nötig. Gemäß der Trennung von Subjekt und Natur, die René Descartes im 17. Jahrhundert eingeleitet hat, beschäftigt sich die klassische Physik nur mit letzterer. In der klassischen Physik existiert die Wirklichkeit auch ohne das sich seiner selbst bewusste Subjekt. In der Quantenmechanik dagegen müssen Subjekt und Objekt beim Messvorgang in eine direkte, irreversible Berührung kommen und die Trennung überwinden, damit über die Wirklichkeit etwas Objektives ausgesagt werden kann. Die Trennung von Subjekt und Objekt ist nicht streng durchführbar.

Als Folge der Unschärfe erscheint ein neues Element, der *Zufall*. Dieser wird mittels der deterministischen Zustandsfunktion voll ins physikalische Weltbild integriert. Der quantenmechanische Zufall ist ein Teil der natürlichen Welt und kann nicht etwa als Riss in der naturwissenschaftlichen Wirklichkeit betrachtet werden, durch den wir direkt den souverän handelnden Gott schimmern sehen. Es wird in Kapitel 4.2 erklärt werden, wie die Zufälligkeit von Quantenereignissen an die Regeln der Statistik gebunden ist.

Als Schlussfolgerung halten wir fest, dass die physikalische Wirklichkeit nicht jener platten, mechanistischen Welt ineinander greifender Zahnrädchen entspricht, wie sie früher im Szenarium des Uhrwerk-Universums postuliert wurde. Die Welt des Mikrokosmos, die uns heute in der Physik entgegentritt, ist nicht wie ein Puppenhaus eine verkleinerte Kopie der Alltagswelt. Ihre Wirklichkeit besitzt eine ganz andere Struktur. Sie ist vielfältig, reichhaltig und hat eine früher ungeahnte Tiefe; in vielem ist sie uns noch rätselhaft. Die neue Sicht der naturwissenschaftlichen Wirklichkeit prägt wesentlich die heutigen Vorstellungen der Entstehung des Universums, wie sie im übernächsten Kapitel vorgestellt werden.

Wie materiell ist Materie?

Neben der klassischen Trennung von Subjekt und Objekt hat die moderne Physik noch eine weitere vermeintliche Grundfeste der materiellen Wirklichkeit erschüttert. Die Atome der modernen Naturwissenschaft sind bekanntlich nicht die von Demokrit gemeinten unteilbaren Bausteine der Materie. Sie bestehen aus einem Kern und einer Hülle von Elektronen, der bekanntesten Sorte der Leptonen.[30] Der Atomkern ist, wie man seit langem weiß, aus Protonen und Neutronen aufgebaut. Experimente an großen Beschleunigern zeigten in den letzten Jahren, dass dies keine Elementarteilchen sind, sondern je drei Quarks[31] enthalten. Ein interessanter Fall ist nun das neutrale Pion, das nur für kurze Zeit bei Zerfällen auftritt. Wie alle Pionen besteht es aus einem Quark und seinem Antiquark, doch sind sie je Mischungen zweier verschiedener Quarks und Antiquarks. Die beiden Quark-Antiquark-Paare wandeln sich dauernd ineinander um, wobei Energie, Impuls, Ladung und weitere sogenannte Quantenzahlen erhalten bleiben. Was in einer Messung als Teilchen wahrgenommen wird, ist der zeitliche Mittelwert vieler Prozesse. Wir werden im Laufe dieses Abschnitts immer wieder auf die Tatsache stoßen, dass die Materie nicht etwas Seiendes, sondern im Grunde etwas Wandelbares ist. Materie kann aus Energie entstehen

[30] Nach dem heutigen Bild vom Aufbau der Materie, das zwar kaum endgültig ist, aber doch eher erweitert als völlig umgestürzt werden wird, besteht das gesamte Universum aus Quarks und Leptonen. Von beiden Teilchenfamilien sind je 6 Arten und ihre Antiteilchen bekannt, also total 24 Elementarteilchen. Hinzu kommen die Feldquanten der Kräfte, welche die Wechselwirkungen zwischen den Teilchen vermitteln.

[31] Quarks haben ihren Namen von schemenhaften Wesen im Roman *Finnegan's Wake* von J. Joyce. Quarks können nicht als Einzelteilchen existieren. Sie bilden zu zweit und zu dritt Mesonen und Hadronen.

und sich wieder in Energie auflösen. Sie schillert wechselvoll, unstet und ist veränderlich wie ein Chamäleon. Die Zeit erscheint in allen Grundgleichungen und ist folglich eine wesentliche Komponente der Materie.

Ich betrachte einen Apfel, der scheinbar ruhig in meiner Hand liegt. Könnten meine Augen Billionen Mal schärfer und Trillionen Mal schneller sehen, würde der Apfel einem Wespennest voller brodelnder Teilchen gleichen, die sich bilden und wieder verschwinden, die als Feldquanten mit Lichtgeschwindigkeit umher schwirren oder rhythmisch gegeneinander schwingen. Beiße ich in den Apfel, geht das Brodeln weiter und vereint sich mit dem Wallen und Wogen in meinem Körper. Was hält diesen Wirrwarr unter Kontrolle und erhält die Welt?

Teilchen und Feldquanten

In der Quantentheorie erscheinen auch die physikalischen Kraftfelder in Form von Quanten. Was hat nun aber eine Kraft mit Quanten zu tun? Wenn ein Teilchen ein anderes abstößt, muss am Ort des zweiten Teilchens eine vom ersten verursachte Kraft wirken. Da Energie übertragen wird und sich diese nach der Quantentheorie nur sprungweise ändern kann, muss auch das Kraftfeld gequantelt sein. Die Feldquanten wirken so, als würden sich zwei Schlittschuhläufer gegenüberstehen und Schneebälle zuwerfen. Der Impuls, den sie damit übertragen, treibt sie voneinander weg. Jeder Wurf bringt sie noch schneller auseinander, und im zeitlichen Mittelwert erleben sie die Würfe als abstoßende Kraft. Die Kraft löst sich in eine Vielzahl einzelner Quantenstösse auf.

Die Feldquanten der Kräfte kann man normalerweise nicht direkt nachweisen. Man nennt sie daher *virtuell.* Erst wenn sich am Zustand etwas verändert, sich zum Beispiel eine Ladung abrupt bewegt, kann ein virtuelles Quant Energie aufnehmen. Von diesem Moment an verhält es sich wie ein nor-

Abbildung 9: Der Kern eines Schwefelatoms wurde mit sehr großer Energie auf eine Goldfolie geschossen. Der Aufprall schuf eine Lawine von neuen Teilchen. Sie entstanden aus dem Meer der virtuellen Zustände (Foto: CERN).

males Teilchen und kann mit entsprechenden Detektoren nachgewiesen werden. Am bekanntesten sind Photonen, die Feldquanten der elektromagnetischen Kraft.

Analog zur Entstehung freier Feldquanten können auch Teilchen aus Energie entstehen. Einsteins Spezielle Relativitätstheorie zeigt, dass Masse eine Form von Energie ist. Paul Dirac verband schon in den 1930er Jahren die noch junge Quantenmechanik mit der Relativitätstheorie und fand eine Gleichung für das Elektron, welche alle bekannten Eigenschaften dieses Teilchens enthält. Die Gleichung hat aber noch eine zweite Lösung für ein praktisch identisches Teilchen mit positiver Ladung. Das Positron, wie es genannt wurde, entdeckten Experimentalphysiker erst zwei Jahrzehnte später in der kosmischen Teilchenstrahlung aus dem Weltraum. Positronen sind in ihrer Ladung symmetrisch zu Elektronen.

Die Gleichungen der Quantenfeldtheorie sind so beschaffen, dass es zu jedem Teilchen ein Spiegelbild mit umgekehrter Ladung geben muss. Diese Symmetrie der Natur geht noch bedeutend weiter: Wenn neue Teilchen aus Energie entstehen, müssen sie immer paarweise auftreten, denn zu jeder Ladung muss auch ihre entgegengesetzte entstehen. Die Theorien der Elementarteilchen verlangen daher, dass die Summe aller Ladungen – positive minus negative – des ganzen Universums konstant bleibt. Die Natur ist in dieser Hinsicht überraschend konservativ. Experimentell wurde diese Eigenschaft schon vielfach bestätigt. Neben der Ladung gibt es noch andere Quantenzahlen, deren Gesamtsumme sich im Laufe der Zeit ebenfalls nicht verändert. Symmetrie und Erhaltungssätze regieren die Quantenwelt und sind die tiefsten Einblicke des menschlichen Verstandes in den Mikrokosmos.

Die Eigenschaften des Allerkleinsten haben praktische Bedeutung bei den Vorgängen im frühen Universum und bei der Entstehung der Materie. Bevor darüber berichtet wird, müssen wir den Zustand ohne Materie, das Vakuum, verstehen.

Das Vakuum ist nicht nichts

Abgesehen von ihrer Unschärfe haben Elementarteilchen und Feldquanten keine messbare Ausdehnung. Man könnte nun meinen, der Raum enthalte mit Ausnahme dieser singulären Punkte im Wesentlichen nichts. Weit gefehlt! Das Vakuum, wie dieser leere Raum in der Physik heißt, ist ein Tohuwabohu von Entstehen und Vergehen aller Teilchen und Feldquanten der Natur. *Nach Definition ist das Vakuum der niedrigste Energiezustand, der übrig bleibt, wenn alles im Raum entfernt ist, was sich entfernen lässt.* Die Naturgesetze lassen sich nicht entfernen. Daher bleibt in der Quantentheorie wegen der unvermeidbaren virtuellen Teilchen immer ein gewisser Energierest zurück. Den Wert der Energie am Nullpunkt des Vakuums kennt man noch nicht. Ob die Nullpunktsenergie mit dem Universum entstand oder sich durch Abstrahlung aus Quantenfluktuationen erst im Laufe der Zeit aufbaute, ist noch offen. Da ihre absolute Größe noch nicht messbar ist, bleibt die Nullpunktsenergie sehr rätselhaft.

Sicher ist, dass die Nullpunktsenergie wie jede andere Energie unscharf ist und in Raum und Zeit fluktuiert. Heisenbergs Unschärferelation besagt, dass die Energieschwankung entsprechend weniger lang dauert, je größer die Abweichung vom zeitlichen Mittelwert ist. Für unsere alltäglichen, makroskopischen Verhältnisse fluktuiert sie unvorstellbar schnell. Selbst die Energie der winzigen Masse eines Elektrons erscheint nur für 10^{-20} Sekunden. Die Energiefluktuationen kann man sich wie chaotische Schwankungen auf der Wasseroberfläche eines Schwimmbeckens vorstellen. Die Nullpunktsenergie entspricht dem durchschnittlichen Pegelstand, und Orte erhöhter Energie ähneln den Wellenbergen. Diese Energie kann sich kurzfristig nach den Gesetzen der Quantenfeldtheorie in Teilchen umwandeln. Wegen der Symmetrien der Elementarteilchenphysik entstehen immer Paare von Teilchen und Antiteilchen. Innerhalb der zeitlichen Unschärfe müssen sie wieder verschwinden, damit der Energieerhaltung

Genüge getan wird. Das dauert genau so lange, wie man mindestens brauchen würde, um sie nachzuweisen. Die Natur hat es so eingerichtet, dass man sie nie direkt beobachten kann. Die Teilchenpaare sind wie im Meer spielende Delphine: Sobald man die Kamera bereit hat, sind sie wieder verschwunden. Man nennt sie daher virtuelle Teilchen in Analogie zu den virtuellen Feldquanten.

Existiert dieses brodelnde Chaos von Energie, Teilchen und Feldquanten denn wirklich? Die Energie des Vakuums wurde erstmals 1958 vom holländischen Physiker J. M. Sparnaay im Casimir-Effekt nachgewiesen. Sein Landsmann Hendrick Casimir hatte eine Kraft vorausgesagt, die zwei Metallplatten im Vakuum zusammendrückt. Die Nullpunktsenergie ist, abgesehen von ihren Schwankungen, gleichmäßig verteilt und in jedem Kubikzentimeter des Raumes vorhanden. Zwischen den Platten werden gewisse Wellenlängen der virtuellen Vakuumsphotonen unterdrückt, so dass die Nullpunktsenergie dort kleiner wird. Der Druckunterschied presst die Platten tatsächlich gegeneinander.

Es gibt auch in Spektrallinien von Atomen indirekte Anzeichen dafür, dass die Verteilung der Elektronen um den Atomkern durch die Präsenz virtueller Teilchen leicht gestört wird. Ihr schattenhafter Tanz hat reale Auswirkungen. Noch eindrucksvoller zeigen sie sich, wenn man von außen Energie zuführt, zum Beispiel in Form eines beschleunigten Teilchens, das auf ein ruhendes Teilchen aufschlägt. Virtuelle Teilchen können dann plötzlich zu freien Teilchen werden, welche nicht mehr an die zeitliche Unschärfe des Vakuums gebunden sind und in Teilchendetektoren nachgewiesen werden können. Auf diese Weise wurde kürzlich das Top-Quark entdeckt.

Auch real existierende, gewöhnliche Teilchen haben Eigenschaften, die ans brodelnde Vakuum erinnern. Sie können für kurze Zeit in mehrere Teilchen oder Feldquanten zerfallen. Die neuen Teilchen sind virtuell und vereinen sich bald wieder zum ursprünglichen Teilchen, so dass die Energie im zeitlichen Durchschnitt konstant bleibt. Es ist diese Energie, die den Unterschied macht zwischen realen und virtuellen Teilchen. Reale Teilchen ragen permanent aus dem Meer der Nullpunktsenergie auf. Obwohl sie selbst immer wieder wie Schauspieler Rolle und Gestalt wechseln, bleiben diese Inseln der Realität bestehen. Die Gesetze der Energieerhaltung und andere Symmetrien verhindern, dass sie im Meer des Vakuums versinken. Sie bringen Ordnung in die Wirrnis und garantieren die Wirklichkeit.

Warum gilt der Erhaltungssatz der Energie? Warum versinkt die Welt nicht im virtuellen Meer des Vakuums? Diese Fragen übersteigen den Rahmen der Quantenfeldtheorie. Die hypothetischen Möglichkeiten, die in der Quantenfeldtheorie anklingen, entsprechen menschlichen Krisenerfahrungen und Untergangsängsten. Wer auf diese Fragen mit der Hypothese »Gott« antwortet, übersteigt vielleicht auch die Erfahrungsebene des Glaubens, denn Gott könnte damit leicht zur unbeweisbaren metaphysischen Größe ohne Beziehung zum Fragenden werden. Gerade diese Beziehung macht aber den Glauben aus. Am besten gefällt mir die Antwort Carl Friedrich von Weizsäckers: »Die Physik erklärt die Geheimnisse der Natur nicht, sie führt sie auf tieferliegende Geheimnisse zurück.«[32]

[32] C. F. v. Weizsäcker, *Zum Weltbild der Physik,* Leipzig 1943, S. 20.

Der Anfang des Universums

Viele Physiker vermuten, dass die Weltentstehung etwas mit der Welterhaltung im Mikrokosmos zu tun hat. Das ganz Große und das ganz Kleine begegneten sich im Urknall, als das Universum vor etwa fünfzehn Milliarden Jahren seine Expansion aus einem kleinen, unermesslich dichten Volumen begann. Alle realen Elementarteilchen, die ganze Energie des Universums, waren auf kleinstem Raum konzentriert. Die riesigen Massen ganzer Galaxien, die heute Millionen von Lichtjahren voneinander entfernt sind, waren sich noch auf wenige Tausendstelmillimeter nahe. Auch die kinetische Energie der Expansion der heutigen Galaxien war dabei. Eine dritte, wichtige Form war die Gravitationsenergie. Sie hat nach Newton immer ein negatives Vorzeichen und wächst gegen null an, wenn sich zwei Massen voneinander entfernen. Es ist nun äußerst bemerkenswert, dass die errechnete negative Gravitationsenergie im Universum heute ungefähr die positiven Energien von Materie und Expansion aufhebt. Der Saldo ist innerhalb der Fehlergrenzen ausgeglichen, die totale Energie des Universums ist mit null verträglich.

Ist das Universum aus einem energielosen Zustand entstanden? Kann etwa das Vakuum oder gar das Nichts ein Universum gebären? Bevor wir dieser ungeheuerlichen Hypothese nachgehen, müssen wir nochmals zur Gravitation zurückkehren. Von der Quantenfeldtheorie herkommend, ist es ein schriller Anachronismus, die Gravitationstheorie Newtons aus dem 17. Jahrhundert zu bemühen. In der heutigen Theorie der Schwerkraft, der Allgemeinen Relativitätstheorie, formuliert von Albert Einstein im Jahre 1917, lässt sich die Gravitationsenergie des Universums nicht so einfach angeben. Relativ zu heute war sie im frühen Universum sicher kleiner –

es lässt sich genau ausrechnen um wie viel – und vielleicht auch negativ, aber ihr absoluter Betrag ist nicht definiert. Die Allgemeine Relativitätstheorie ist jedoch kaum die endgültige Theorie der Schwerkraft. Sie ist nämlich der einzige Zweig der heutigen Physik, der noch nicht quantenmechanisch entschlüsselt ist. Beobachtungen der Himmelsmechanik, insbesondere von Pulsaren in Doppelsternsystemen, haben die Allgemeine Relativitätstheorie zwar gut bestätigt. Trotzdem ist es sehr zweifelhaft, ob diese klassische Theorie aus der Zeit vor der Quantenmechanik auch noch unter den extremen Bedingungen der Frühphase des Urknalls gilt. Zum Manko des Absolutwertes der gängigen Theorie kommt somit hinzu, dass es heute noch keine Quantentheorie der Gravitation gibt. Nach dieser Zwischenbemerkung dürfte klar sein, dass die nachfolgenden Ausführungen sehr spekulativ sind. Es ist hier allerdings nicht wichtig, ob die Details stimmen; bemerkenswert ist nur, dass man sich naturwissenschaftliche Erklärungen überhaupt vorstellen kann.

Die Vakuumshypothese

Die Möglichkeit, dass die Gesamtenergie des Universums null ist, hat den Ausschlag für die *Vakuumshypothese*[33] gegeben, nach der das ganze Universum aus einer Fluktuation im Urvakuum entstanden ist. Eine der vielen Möglichkeiten wäre zum Beispiel, dass zwei Teilchen, nennen wir sie Kosmionen, entstanden sein könnten mit je der Hälfte der Masse des gesamten Universums, also mindestens der in den Sternen sichtbaren 10^{49} Tonnen. Die Energie ihrer Masse könnte gerade gleich der negativen Energie ihrer gegenseitigen Schwerkraft gewesen sein, so dass die Energiebilanz ausgeglichen war. Weil

[33] Die Idee der Weltentstehung aus einer Quantenfluktuation wurde erstmals 1973 von E. P. Tryon in *Nature*, 246, S. 396, geäußert. Eine allgemein verständliche Einführung ins Thema schrieb H. Genz, *Die Entdeckung des Nichts*, München 1994.

nunmehr die Gesamtenergie null betrug, könnte die ursprüngliche Fluktuation des Vakuums unendlich lange bestehen. Die Idee von Kosmionen wurde schon von verschiedenen Wissenschaftlern, u. a. von A. Salam, geäußert. Sie beruht auf der Spekulation, dass Quarks und Leptonen aus energiereicheren Teilchen entstanden sind, welche wiederum aus dem Zerfall noch energiereicherer Teilchen entstanden waren usw. Wohl gemerkt: Kosmionen sind rein hypothetisch und kein allgemein gebilligtes physikalisches Konzept. Es gibt weder theoretische Ansätze noch beobachtete Hinweise. Kosmionen müssten noch elementarer sein als Quarks und Leptonen, in die sie in der Folge zerfielen.

Die Entstehung des Universums aus einem Vakuum wäre vergleichbar mit der Gründung eines Geschäftes ohne Eigenmittel. Der Unternehmer borgt auf einer Bank Geld. Er unterschreibt einen Schuldschein und erhält dafür einen Scheck. Mit diesem Kapital kauft er eine Fabrik, ein Haus und alles, was er zum Leben braucht. Den Profit seines Unternehmens braucht er für seinen Lebensunterhalt und um den Bankzins zu bezahlen. Obwohl er anfangs nichts hatte und auch später sein Vermögen nur gerade seine Schulden aufwiegt, sein versteuerbares Vermögen demnach null ist, hat er die nötigen materiellen Güter. Ähnlich ist es denkbar, dass sich das Universum während einer Fluktuation im Urvakuum Energie gegen Gravitation »borgen« konnte. Das Universum könnte daher auch ohne Energievorrat entstanden sein und darum noch heute die Gesamtenergie null haben.

Das Urvakuum ist schwer vorstellbar, da es keine umgebende Materie gab, welche als Referenz für Ort und Zeit dienen könnte. Ohne Objekt, das als Maßstab verwendet, oder Vorgänge, an denen eine Zeit abgelesen werden könnte, lassen sich Raum und Zeit nicht definieren. Es macht physikalisch keinen Sinn, von einer Zeit zu sprechen, bevor nicht die ersten Teilchen durch ihre reale Existenz Raum und Zeit aufspannten. Raum und Zeit sind im Urknall erst entstanden. Das

Urvakuum lässt sich daher nicht wie ein heutiges Vakuum beschreiben, in dem Raum und Zeit die Unschärfe von Impuls und Energie bestimmen. Jedoch müsste das Urvakuum schon alle Physik des späteren Universums enthalten haben. Nach diesen Gesetzen lief dann die Entstehung der Materie ab.

Gemäß der Vakuumshypothese ist das Universum folglich nicht aus dem Nichts entstanden. Es ist nicht beweisbar, aber denkbar, dass die physikalischen Erhaltungssätze und Symmetrien präexistent waren. Da weder Raum noch Zeit war, konnten die Gesetze nur latent existiert haben. Sobald sich die Urfluktuation ereignete, bildete sich das Universum nach den heute gültigen Gesetzen.

Virtuelle Teilchen entstehen im Vakuum spontan nach den Regeln des reinen Zufalls, aber mit berechenbarer Wahrscheinlichkeit. Ist das Universum auf analoge Weise entstanden, so gab es keine Ursache dafür. Was die erste Ursache war, die eine Wirkung zeitigte und damit die Uhr der Kausalität zum Ticken brachte, bleibt uns vielleicht für immer hinter dem Schleier der Quantenunschärfe verborgen.

Wo kommt nun Gott ins Bild der Weltentstehung? Nirgends zwingend. Auf der kausalen Erklärungsebene der Naturwissenschaften kommt er grundsätzlich nicht vor. Es gibt zweifellos noch viele und ernsthafte Lücken, aber keine deutet prinzipiell auf eine Erklärung hin, die notwendigerweise außerhalb der Naturwissenschaft liegt. Zwar werden die seit dem 17. Jahrhundert durch die Fortschritte der exakten Naturwissenschaften entdeckten Naturgesetze auch heute oft metaphysisch überhöht und als Schöpfungsideen Gottes gedeutet.[34] Die Entwicklung der Naturwissenschaften, insbesondere der Physik, hat aber deutlich gemacht, dass selbst ein mathematisch formuliertes Naturgesetz keineswegs absolute Gültigkeit beanspruchen kann. Eventuell bleibt es in einer nachfolgenden, übergeordneten Theorie nur als Näherung

[34] St. Hawking spricht z. B. allegorisch vom »Plan Gottes« in: *Eine kurze Geschichte der Zeit*, Reinbek 1988, S. 218.

enthalten. Ein empirisch abgeleitetes Naturgesetz kann daher keine absolute Gültigkeit beanspruchen. Gleichwohl denke ich, dass man aus der Perspektive religiöser Wahrnehmung in der Existenz solcher, wenn auch nur näherungsweise bekannter Gesetze, welche ein Universum hervorgebracht haben, einen meisterhaften Schöpfer wahrnehmen kann. Daraus lässt sich kein Gottesbeweis ableiten, aber eine bereits bestehende Beziehung des erkennenden Menschen zu Gott und Welt selber verstehen, vielleicht vertiefen und anderen verständlich machen.

Dunkelmaterie: wichtiger, als man dachte

Aristoteles (384–322 v. Chr.) wusste, dass die Erde kugelförmig ist, und kannte bereits den ungefähren Erdumfang. Er schätzte ihn auf vierhunderttausend Stadien. Ein griechisches Stadion ist ungefähr hundertfünfzig Meter lang. Aristoteles konnte sich demnach ausrechnen, dass seine griechische Mittelmeerwelt mit einem Radius von rund tausend Kilometern etwa ein Prozent der Erdoberfläche ausmache. Der Rest muss für ihn eine Welt voller Rätsel und unerschöpflicher Möglichkeiten gewesen sein. Ganz ähnlich geht es uns heute im Universum. Nur jene Materie im Weltall kann direkt beobachtet werden, die genügend Licht, Röntgenstrahlung oder Radiowellen abstrahlt. Man nennt sie die *sichtbare Materie.* Sie umfasst Sterne, atomares Wasserstoffgas, heißes Plasma und energiereiche Elektronen. Zu lichtschwach und aus größerer Distanz nicht sichtbar sind unter anderem Kometen, Planeten, Weiße Zwerge, Schwarze Löcher und vielleicht Teilchen oder Objekte, die wir heute noch nicht kennen. Sie bilden die *Dunkelmaterie.* Im Folgenden werden Indizien vorgelegt, die darauf hindeuten, dass die dunkle Materie die sichtbare mengenmäßig weit übertrifft.

Die Umlaufzeit eines Sterns um das galaktische Zentrum hängt nur vom Bahnradius und der von der Bahn eingeschlossenen Masse ab, sowohl der sichtbaren wie der dunklen Materie. Umlaufzeiten und Bahnradien kann man in der Milchstraße wie auch in benachbarten Galaxien messen und daraus die totale Masse bestimmen. Am Lauf der Sonne in der Galaxis stellt man fest, dass die umkreiste Masse leicht größer sein muss als jene, die man aus Sternen und Gaswolken abschätzt. Weiter außen in der Milchstraße und ebenso in anderen Galaxien nimmt die Diskrepanz rasch zu. Ferner wirkt die Galaxienmasse auf Licht und Radiowellen wie eine Linse. Ihre Ablenkstärke ist ein weiteres Maß der Dunkelmaterie und deutet auf das Fünf- bis Zehnfache der sichtbaren Masse. Die Bahnbewegung von Doppelgalaxien kann nur dadurch erklärt werden, dass zwanzigmal mehr Masse darin vorhanden ist, als die sichtbaren Objekte ausmachen. Bei Galaxienhaufen wurden Werte bis zum Dreißigfachen festgestellt. Anscheinend liegt zwischen den Galaxien sehr viel Dunkelmaterie.

Dunkelmaterie macht sich durch ihre Schwerkraft bemerkbar. Von besonderem Interesse ist die Frage, ob diese genügt, um die allgemeine, seit dem Urknall andauernde Expansionsbewegung des Universums zu stoppen oder gar umzukehren. Dazu wäre eine durchschnittliche Massendichte von über $5 \cdot 10^{-24}$ Gramm pro Kubikmeter nötig, gemittelt über das ganze Universum, oder etwa die Masse von drei Wasserstoffatomen pro Kubikmeter. Diese *kritische Dichte* ist Millionen Mal geringer als jene des Raumes zwischen uns und den nächsten Sternen. Stellen wir uns eine Hohlkugel mit zehnfachem Erdradius vor. Um sie mit Luft von der kritischen Dichte zu füllen, würden die Atome genügen, die ein Mensch in einem einzigen Atemzug ausatmet.

Trotzdem kommt die sichtbare Materie – im Durchschnitt über das ganze Universum – nur auf ein gutes Prozent der kritischen Dichte. Außerhalb der Galaxien gibt es in unbeschreiblich großen Räumen kaum ein einziges sichtbares Atom im Volumen eines Zimmers. Allerdings lässt sich mit ziemlicher Sicherheit sagen, dass im Universum zehnmal

Abbildung 10: Das Hubble Teleskop im Weltraum hat an wenigen Vordergrundsternen vorbei einen »tiefen Blick« ins Universum geworfen. Der Bildausschnitt ist kleiner als ein Hundertstel der Mondscheibe und zeigt Objekte, die vier Milliarden Mal schwächer sind als die Grenze des menschlichen Auges. Wegen der endlichen Lichtgeschwindigkeit ist es auch ein Blick zurück in die Vergangenheit. Die kleinsten Flecken sind Galaxien zur Zeit, als das Universum weniger als fünf Milliarden Jahre alt war (Foto: NASA).

mehr Masse vorhanden ist, als wir gegenwärtig sehen und kennen. Die große Frage ist nun, was denn die Dunkelmaterie ausmacht, die im Prinzip in irgendwelcher Form existieren kann. Vorgeschlagen wurden kleine Protosterne, die sich nicht zu Sternen entwickeln konnten, planetenähnliche Himmelskörper, molekulares Wasserstoffgas, Schwarze Löcher, Neutrinos, noch unbekannte Elementarteilchen und nicht zuletzt die Nullpunktsenergie des Vakuums, die wie jede Energie auch einer Masse entspricht.

Die Fantasie wird aber zunehmend von Beobachtungen eingeschränkt. So ist es zum Beispiel ausgeschlossen, dass die kritische Dichte durch gewöhnliche Materie aus Protonen und Neutronen erreicht wird, da sonst im frühen Universum mehr Helium und Lithium entstanden wäre, als heute beobachtet wird. Die erlaubte Dichte gewöhnlicher Materie beträgt etwa fünf bis zehn Prozent des kritischen Wertes. Zusätzliche Materie müsste aus Elementarteilchen wie Neutrinos oder hypothetischen, im Urknall entstandenen Exoten, wie den noch nicht nachgewiesenen Axionen oder Strings, bestehen.

Schon 1930 postulierte Wolfgang Pauli das Neutrino, um einen nuklearen Zerfallsprozess zu deuten, bei dem sonst die Energieerhaltung verletzt wäre. Das neue Teilchen war extrem schwierig nachzuweisen, da es keine Ladung hat. Die Masse berechnete Pauli als »verschwindend klein«. Sie ist heute noch nicht sicher bekannt, liegt aber vermutlich unter einem Millionstel der Elektronenmasse, die wiederum weniger als ein Tausendstel eines Protons ist. Die Wechselwirkung von Neutrinos mit Materie ist darum äußerst schwach, das heißt, dass sie durch viele Atome und selbst Atomkerne hindurch fliegen können, ohne etwas davon zu spüren. Um die Teilchenzahl eines Neutrinostrahls auf die Hälfte zu reduzieren, wäre ein Bleiklotz mit der Dicke von etwa hundert Lichtjahren erforderlich. Neutrinos gehören zur Familie der Leptonen und entstanden vermutlich zuhauf im frühen Universum, entkoppelten sich eine Sekunde nach dem Anfang und fliegen seither nahezu mit Lichtgeschwindigkeit durchs All. Falls sie wirklich Masse haben, könnten sie einen wesentlichen Beitrag zur Dunkelmaterie des Universums leisten.

Ernst zu nehmen ist auch die These, die Nullpunktsenergie des Vakuums liefere einen Beitrag zu Masse und Schwerkraft des Universums. Die Nullpunktsenergie hätte dann die Funktion einer »kosmologischen Konstanten«. Diese Größe hatte einst Albert Einstein eingeführt, bevor die kosmische Expansion bekannt wurde, um zu erklären, warum das Universum unter seiner eigenen Schwerkraft nicht zusammenfalle. Um einen wesentlichen Beitrag zu leisten, aber nicht katastrophal zu wirken, müsste die Energiedichte des Vakuums etwa ein Zehntausendstel jener der Sonnenstrahlung sein, die auf die Erde auftrifft. Warum das Vakuum gerade diese Energie haben könnte, ist noch rätselhaft.

Wie Galaxien im intergalaktischen Gas des frühen Universums entstehen, können Astronomen an weit entfernten Objekten direkt beobachten, deren Licht uns erst heute erreicht. Die Entstehung wird auch mit Computermodellen simuliert. Sie zeigen, dass sich nur in einem Universum mit etwa der kritischen Dichte die Galaxien in der beobachteten Entstehungszeit von einer Milliarde Jahren bilden können. Um die beobachtete Verteilung in Galaxienhaufen und Großstrukturen zu erhalten, müssen gewisse Annahmen über die Materie- und Energiezusammensetzung des Universums gemacht werden. Auch sie geben Rückschlüsse auf die Menge und Art der Dunkelmaterie. Der heutige Stand[35] aller Beobachtungen könnte etwa mit folgender Mischung erklärt werden: Ein Prozent der Masse des Universums ist sichtbar; wenige Prozente sind unsichtbar, bestehen aber aus gewöhnlicher Materie; ein Fünftel machen Neutrinos oder andere Elementarteilchen aus; den Rest, etwa drei Viertel, könnte die

[35] Eine neuere Zusammenfassung findet man z. B. bei J. P. Ostriker und P. J. Steinhardt, *Nature* 377, 1995, S. 600.

Energie des Vakuums beisteuern. Die Angabe der Zahlen erfolgt ohne Gewähr!

Die Möglichkeit, dass der Kosmos mehrheitlich aus Nullpunktsenergie und noch unbekannten Teilchen besteht, wird ernsthaft diskutiert. Beide hätten wenig Wechselwirkung mit gewöhnlicher Materie, könnten unbemerkt in unserem Körper schlummern oder die Erde durchqueren. Trotzdem wären sie ein Teil unserer Wirklichkeit, denn sie hätten bei der Entstehung der Galaxien eine entscheidende Rolle gespielt. Dass wir bis heute wahrscheinlich nur wenige Prozente der kosmischen Materie beobachtet und untersucht haben, mahnt zur Bescheidenheit. Wir haben bisher vielleicht noch um vieles weniger als die sprichwörtliche Spitze des Eisbergs gesehen.

Entwicklungen im frühen Universum

Zum Schluss dieses Kapitels über das Universum als Ganzes sollen die gegenwärtigen physikalischen Vorstellungen über das frühe Universum kurz zusammengefasst werden. Die Leserin und der Leser sind darauf vorbereitet, dass in diesem Bereich der Kosmologie die Physik selbst, nicht nur die Modelle, noch spekulativ ist. Über das frühe Universum wird heute viel geschrieben, die Theorien werden immer detaillierter, aber auch zahlreicher. Zum Thema Glaube und Naturwissenschaft tragen sie vielleicht weniger bei, als man erhofft. Es soll daher kein erschöpfender Überblick, sondern nur der Geschmack der Sache vermittelt werden.

Nach der Allgemeinen Relativitätstheorie krümmt jede Energiekonzentration den Raum, so dass zum Beispiel Lichtstrahlen abgelenkt werden. Auch der Zeitverlauf ändert sich und wird von der Theorie als vierte Dimension mitbehandelt. In der immensen Energiekonzentration des frühen Universums war die Krümmung stark und auf kleinstem Raum. Da Energie und Impuls nach Heisenberg unscharf sind, muss auch die Krümmung von Raum und Zeit bei den winzigen

Abbildung 11: Galaxienhaufen sind die größten stabilen und wahrscheinlich die ältesten Strukturen des Universums. Der Haufen Abell 2218 im Bild hat einen Durchmesser von hundert Millionen Lichtjahren. Einige der diffusen, länglichen Flecken sind Spiegelungen von entfernteren Galaxien im Gravitationsfeld des Haufens (Foto: NASA).

Abständen fluktuieren und unbestimmt sein. Das Raum-Zeit-System der Allgemeinen Relativitätstheorie versagt daher bis zur *Planck-Zeit,* etwa 10^{-43} Sekunden nach dem Anfang. Für das Geschehen innerhalb dieser Zeit gibt es bereits verschiedene Theorien. Einer davon, basierend auf Kosmionen, sind wir bereits begegnet. Der Amerikaner Ed Tryon lässt das Universum gleich mit einer Inflationsphase starten. Die Engländer James Hartle und Steven Hawking entwickelten ein Modell ohne Rand in Raum und Zeit, indem sie eine imaginäre Zeit einführten und so die Singularität des Anfangs umgingen.

Mehr Einigkeit herrscht über die zweite Phase, die *Inflation,* die spätestens nach 10^{-34} Sekunden, als die Temperatur unter den kritischen Wert von 10^{28} Grad sank, für nur 10^{-33} Sekunden eintrat. In dieser kurzen Zeit änderte sich der Gesamtzustand des Universums wie das Eis beim Schmelzen. Vorher waren alle physikalischen Kräfte im Universum, außer der Schwerkraft, gleich stark und alle Teilchen gleichartig. Diese Symmetrie brach. Nach der Inflationsphase unterschieden sich die Kräfte, und die Antimaterie verschwand, zumindest in unserem Teil des Universums. Die Naturgesetze blieben unverändert, doch das Universum bekam einen neuen stofflichen Inhalt. Eine enorme Energie, vom Phasenübergang freigesetzte »Schmelzwärme«, beschleunigte die kosmische Expansion auf ein unvorstellbares Maß. Die Inflation blähte das Universum um mehr als einen Faktor 10^{50} auf. Selbst nach der Inflationsphase hatte das ganze heutige Universum erst einen Durchmesser von zehn Zentimetern, entsprechend unvorstellbar klein war es vorher gewesen. Dagegen wirkt der Expansionsfaktor 10^{27} geradezu bescheiden, den die seither verflossenen 15 Milliarden Jahre der normalen kosmischen Expansion herbeiführten.

Interessant an den scheinbar weltfremden Theorien der Inflationszeit sind ihre beobachtbaren Nachwirkungen im heutigen Universum. Die auffallende Isotropie und die einigermaßen gleichförmige Verteilung der Galaxienhaufen im

Weltraum folgen zwanglos aus der Vorstellung, dass sie einem kleinen Gebiet entstammen. Das Inflationsphänomen ist auch der Grund für die noch relativ hohe Temperatur des Kosmos, drei Grad über dem absoluten Nullpunkt. Bedeutsam ist die durch Beobachtungen noch nicht erhärtete Voraussage, dass die durchschnittliche Energiedichte des Universums genau kritisch ist. Das würde bedeuten, dass die heutige Expansion des Universums immer weitergeht, sich aber infolge der eigenen Schwerkraft verlangsamt und nach unendlicher Zeit zum Stillstand kommen wird.

Die Entwicklung nach der Inflation ist schon recht gut bekannt. Das Universum war ein fast homogenes Gemisch aus den verschiedenen Quarksorten und Leptonen sowie den Feldteilchen der Kräfte: ein sogenanntes *Quark-Gluonen-Plasma.* Es expandierte gemäß dem einschlägig bekannten Urknallmodell. Die großen Beschleuniger in Genf und Brookhaven lassen energiereiche Teilchen aufeinander prallen und erreichen heute auf diese Weise bereits etwa die Energiedichte des Materiezustandes in der Quark-Gluonen-Phase. Es ist damit möglich geworden, die wichtigsten Vorgänge dieser Phase in realen Objekten zu studieren.

Nach einigen Millionstelsekunden vereinigten sich je drei Quarks zu Protonen oder Neutronen. Dadurch änderte sich das Universum wiederum grundlegend. Seine Bestandteile waren nun die Bausteine der heutigen Atome, die eine ähnliche Physik befolgen wie das relativ gut verstandene heiße Sterninnere. Etwa drei Minuten hatten die Protonen und Neutronen Zeit, sich in einer universalen *Nukleosynthese* zu Helium und Lithium zu verschmelzen. Es sind die gleichen Prozesse, die heute im Sterninnern Energie freisetzen. Die Umstände im Urknall waren kritisch: Wäre das Universum weniger heiß als etwa eine Milliarde Grad oder dichter als etwa das 10^{27}fache von heute gewesen, wäre alle Materie zu Helium geworden. Die Expansion des Universums unterbrach im rechten Moment die weitere Kernsynthese. Der heute im kosmischen Urmaterial beobachtete siebenundzwanzigprozentige Heliumanteil ist daher ein wichtiger Hinweis auf die Zustände in dieser Phase. Der Rest blieb Protonen und Elektronen.

Rund eine halbe Million Jahre nach dem Urknall war die Materie kalt genug für die Bildung von Atomen aus Protonen und Heliumionen einerseits und Elektronen andererseits. Atomares Gas absorbiert Licht- und Radiowellen weit weniger als die geladenen Teilchen der vorangehenden Epoche. Das Universum wurde auf einen Schlag durchsichtig, so dass wir heute seine weitere Entwicklung zurückverfolgen können. Die Expansion des Universums wurde nun vom Strahlungsdruck entkoppelt und verläuft seither ballistisch: Die Bewegung der kosmischen Materie ist durch den Impuls der Bewegung und die Schwerkraft bestimmt. In schwach überdichten Regionen expandierte das Universum etwas langsamer, fiel immer mehr zurück, bis die Region schließlich zu kollabieren begann. Diese Gebilde zogen einander an, kollidierten und vereinigten sich zu den heutigen *Galaxienhaufen und Galaxien.* Es bildeten sich die ersten Sterne.

Der Anfang war nicht ein Knall, mit dem alles da war, wie es heute ist. Das frühe Universum war eine Phase vielfältiger Kreativität in kosmischen Dimensionen, faszinierend und spannend wie die spätere Entwicklung von Sternen und Planeten (dargestellt in Kapitel 1.2).

Warum gerade dieses Universum?

Warum ist das Universum genau so beschaffen, dass Leben möglich ist? Eine große Zahl von Bedingungen war notwendig für die präbiotische und biologische Entwicklung auf der frühen Erde. Von den Zuständen im frühen Universum bis zur Zusammensetzung des Urnebels der Sonne, vom richtigen Mix der Urmeere und den Mineralien des Urgesteins bis zur idealen Temperatur, also dem günstigsten Abstand zur Sonne, waren die fürs Leben notwendigen Werte oft bis auf wenige Prozente genau einzuhalten, damit die Evolution so ablaufen konnte, wie sie tatsächlich geschah. Die Rotationszeit der Erde, der Rhythmus von Tag und Nacht, die Jahreszeiten, Ebbe und Flut, verursacht durch den großen Erdmond, ja selbst die Plattentektonik haben zur Evolution, soweit wir sie kennen, beigetragen. Das irdische Magnetfeld zur Abschirmung energiereicher kosmischer Elementarteilchen und vieles mehr war unerlässlich. In engen Doppelsternsystemen oder in Begleitung von Planeten, die wesentlich größer als Jupiter sind, entstehen keine Kleinplaneten wie die Erde. Große äußere Planeten vom Format eines Jupiter sind wiederum unverzichtbar, denn sie lenken Kometen und andere Objekte ab, die laufend von außen ins innere Sonnensystem eindringen, brechen sie in Stücke oder fangen sie ein, so dass die Erde davon verschont bleibt. Einschläge von kilometergroßen Kometen- und Planetenbruchstücken auf die Erde durften wiederum nicht ganz ausbleiben, denn sie spielten eine wichtige Rolle in der späteren Phase der Evolution. Die Dosierung der Katastrophen war anscheinend gerade richtig.

Natürlich kann das Leben nur an einem dafür günstigen Ort entstehen. Die vielen Bedingungen – es werden jährlich neue gefunden – enthüllen ein erstaunliches Geflecht von notwendigen Verknüpfungen zwischen Biologie, Chemie, Astronomie und Physik. Die meisten Bedingungen auf der planetaren Stufe erscheinen als zufällige Koinzidenzen. Sie können vermutlich als Auswahleffekte gedeutet werden; andere Planeten oder Planetensysteme erfüllten sie nicht und sind auch zu keinen Geburtsorten von Leben geworden. Auswahleffekte erklären die Leben ermöglichenden Bedingungen unserer Erde und des Planetensystems. Wären sie genauer bekannt, könnte man daraus die Häufigkeit – wahrscheinlich eher die Seltenheit – der Lebensentstehung im Kosmos berechnen.

Die Feinabstimmung des Universums

Eine andere Qualität erhalten allerdings jene Bedingungen, die das ganze Universum betreffen. Bereits 1957 bemerkte der amerikanische Physiker Robert H. Dicke, dass gewisse physikalische Grundkonstanten wie etwa Elementarladung, Masse des Protons, Gravitationskonstante und Planck'sche Konstante, nicht beliebige Größen sind, denn nur bei den beobachteten Verhältnissen ist Leben im Universum in der bekannten Form möglich. Es gibt heute noch keine Erklärung dafür, warum auch nur eine dieser Konstanten genau so und nicht anders ist.

Ein anderes bekanntes Beispiel zur Feinabstimmung des Universums ist der Aufbau von Kohlenstoff aus Helium in alten Sternen. Es braucht drei Atomkerne von Helium pro Kohlenstoffkern. Dass gerade drei im selben Augenblick zusammenstoßen, ist sehr unwahrscheinlich. Viel häufiger sind Zweierstöße, die Beryllium produzieren. Der Zusammenstoß eines Berylliumkerns mit einem weiteren Heliumkern liefert aber nicht notwendigerweise einen Kohlenstoffkern, denn in den meisten Stößen wird das Beryllium zerstört oder nur abgelenkt. Da Beryllium zudem eine Lebenszeit von nur 10–17 Sekunden hat, sind nicht viele Versuche möglich.

Trotzdem verschmilzt Helium mit Beryllium zu Kohlenstoff, weil der Kohlenstoff genau bei der richtigen Energie eine Resonanz hat und daher sehr schnell Energie abstrahlen kann. In der kurzen Zeit, während der Beryllium und Helium zusammen sind, sendet das Produkt gemäß den Energieniveaus des Kohlenstoffs zwei Gammaquanten aus. Beryllium und Helium haben danach nicht mehr genügend Energie, um als Einzelkerne zu existieren, und müssen als Kohlenstoff zusammenbleiben. Ohne diese Eigenschaft, die nur von den Elementarkonstanten abhängt und für die es keine Erklärung gibt, hätten sich in der Folge keine schweren Elemente bilden können, und die auf Kohlenstoff beruhende organische Chemie sowie das Leben in der uns bekannten Form würden nicht existieren.

Auch das nächstfolgende Element, Sauerstoff, hat eine Resonanz. Sie liegt aber glücklicherweise etwa ein Prozent zu tief. Andernfalls würde der meiste Kohlenstoff zu Sauerstoff und stünde dann nicht mehr für Planetenbildung und Entwicklung des Lebens zur Verfügung. Es macht den Anschein, als wären die Gesetze der Kernphysik absichtlich so geplant im Hinblick auf die Konsequenzen im Sterninnern[36] und bei der Entwicklung des Universums.

Als drittes Beispiel von noch vielen sei die merkwürdige Koinzidenz erwähnt, dass die Dauer der biologischen Evolution zur Entstehung von intelligentem Leben etwa die Hälfte der Lebensdauer der Sonne betrug. Diese Zeit, während der ein Stern mit Sonnenmasse stabil ist und fast gleichmäßig strahlt, ist durch physikalische Konstanten gegeben, die das Gleichgewicht und den Energievorrat bestimmen. Die biolo-

[36] Der Entdecker der Kohlenstoff-Resonanz, Fred Hoyle, schreibt: »I do not believe that any scientist who examined the evidence would fail to draw the inference that the laws of nuclear physics have been deliberately designed with regard to the consequences they produce inside the stars.« (Ich glaube nicht, dass irgendein Wissenschaftler beim Prüfen des Befundes nicht den Schluss ziehen würde, die Gesetze der Kernphysik seien bewusst im Hinblick auf ihre Konsequenzen im Sterninnern konzipiert worden.)

gische Evolutionsgeschwindigkeit hängt andererseits von chemischen Reaktionszeiten, astronomischen Zyklen, Einschlagsraten von Kometen, biologischen Generationendauern und vielem mehr ab, die je um Zehnerpotenzen anders sein könnten. Betrüge die mittlere Evolutionszeit für intelligentes Leben wesentlich weniger als eine Milliarde Jahre, müsste es schon viel früher auf der Erde entstanden sein; wäre sie viel länger, käme die Entwicklung nie bis zum Menschen, bevor der Zentralstern verlöscht.

Das Anthropische Prinzip

Die merkwürdige Feinabstimmung des Universums zum Wohle des Menschen hat den englischen Kosmologen Brandon Carter[37] 1974 zu folgender Warnung veranlasst: »Was wir beim Beobachten erwarten können, ist eingeschränkt durch die Bedingungen, die für unsere Existenz als Beobachter nötig sind.« Etwas eingängiger ausgedrückt: *Damit wir uns überhaupt wundern können, dass das Universum so ist, muss es genau so sein, denn sonst wären wir nicht hier und könnten uns nicht wundern.* Dieses sogenannte Anthropische Prinzip geht davon aus, dass der Mensch ein Teil des Universums und gemäß natürlichen Gesetzen entstanden ist. Es erinnert daran, dass beim Beobachten die Grenzen des Messapparates (in diesem Fall die Beobachtenden selber) einzubeziehen sind. Historisch ist das Anthropische Prinzip genau zu jener Zeit formuliert worden, als in der Astronomie klar wurde, dass das Universum einen Anfang hatte und die Evolution mit dem Urknall begann. Die beobachteten Koinzidenzen sind apriorische Bedingungen für die Möglichkeit der biologischen Evolution. Sie müssen gegeben sein, bevor wir überhaupt die Welt wahrnehmen können. Gewisse physikalische, chemische und biologische Eigenschaften der Natur sind somit festgelegt. Das Anthropi-

[37] B. Carter, in: *Confrontation of Cosmological Theory with Observational Data* (Hrsg. M. S. Longair), Dordrecht 1974.

sche Prinzip ist noch keine Erklärung der kosmologischen Koinzidenzen, und als Beobachtungsbefund, den alle valablen Universumsmodelle erfüllen müssen, ist es eine Trivialität. Es macht hingegen bewusst, wie stark die menschliche Existenz im Ganzen des Kosmos gründet und wie sich aus dieser Teilhabe erkenntnistheoretische Konsequenzen ergeben.

Zur Erklärung der Koinzidenzen auf der Stufe des ganzen Universums scheint es drei Möglichkeiten zu geben:

1. Es gibt physikalische Gründe, die wir aber noch nicht kennen, dass das Universum genau so sein muss (die *kausale* Erklärung).
2. Es gibt viele Universen. Wir bewohnen eines, das die richtigen Eigenschaften zur Evolution und zum Leben hat (die *selektive* Erklärung).
3. Dem Universum ist eine Richtung beigegeben, die das Ziel hat, Leben zu schaffen (die *teleologische*, d. h. zielgerichtete Erklärung).

Die übliche Methodik der neuzeitlichen Naturwissenschaft geht von dem aus, was beobachtet wurde, und sucht eine kausale Erklärung. Kosmologinnen und Kosmologen erhalten ihr Gehalt mit dem Auftrag, physikalische Gründe zu finden. Sie sind gemäß den Regeln ihrer Zunft verpflichtet, zunächst die kausale Möglichkeit ins Auge zu fassen. In den gut zwanzig Jahren seit Carters Publikation sind in der Tat einige gravierende Koinzidenzen erklärt worden, zum Beispiel die Isotropie und Homogenität des Alls durch das Inflationsmodell des Universums. Dabei sind allerdings wieder etliche neue, fein abgestimmte Parameter aufgetreten. Angesichts dieser medusenartigen Koinzidenzen haben einige Forschende die Geduld oder den Mut verloren, je ein vollständig kausales Modell zu finden, und erwägen ernsthaft die beiden anderen Möglichkeiten trotz methodologischer Bedenken.

Mit der selektiven Erklärung wird das Anthropische Prinzip ein Auswahlkriterium unter vielen Universen mit zufälligen Eigenschaften. Jede dieser Welten hätte andere Grundkonstanten und andere Anfangsbedingungen. Ihre Gesamtheit wäre ein vielleicht unendliches Ensemble von Universen. Nach Definition des Begriffs Universum könnten wir aber keines außer dem unsrigen je beobachten. Das Postulieren prinzipiell nicht beobachtbarer Entitäten hat in der Vergangenheit zu Fehlschlüssen verleitet. Als Beispiel sei der Weltäther als Ausbreitungsmedium elektromagnetischer Wellen erwähnt; er wurde durch die Spezielle Relativitätstheorie überflüssig und ist in der Folge ersatzlos gestrichen worden. Obwohl denkbar, ist die reale Existenz anderer Universen grundsätzlich nicht beweisbar. Die Erweiterung der Naturwissenschaften über unsere Wirklichkeit hinaus auf andere, nicht beobachtbare Universen ist daher ein Schritt Metaphysik, den ein Teil der Fachleute grundsätzlich ablehnt.

Die teleologische Erklärung (*télos* gr. = Ende, Ziel, Zweck), die im Lager der rationalen Wissenschaft schon viele Emotionen ausgelöst hat, aber ernsthaft in Betracht gezogen, wenn auch meistens verworfen wird, führt eine finale Struktur in die Naturwissenschaft ein. Das neue Gesetz würde dem Kosmos eine Tendenz vorschreiben, die Leben ermöglicht, ähnlich wie die Eigenschaft der konstanten Energie. Anders als die Energieerhaltung, zu der, von vorübergehenden Quanteneffekten abgesehen, keine naturwissenschaftlich bestätigte Ausnahme bekannt ist, würde aber dieser finale Charakter nur die notwendigen Lebensbedingungen garantieren und wäre nicht zwingend. Ob diese Sicht in der Physik je den Konsens findet, den andere Naturgesetze genießen, scheint mir eher unwahrscheinlich. Finalität ist allerdings selbst dem analytischen Gebäude der sonst kausalen Physik nicht fremd. Der zweite Hauptsatz der Thermodynamik hat eine in die Zukunft gerichtete finale Aussage, die Erhöhung der Entropie (Kapitel 3.2), ohne den kausalen Grund zu nennen. Sich selbst organisierende Prozesse haben einen Attraktor oder ein Ziel, auf das sie selbständig zusteuern. Es gibt die Marschrichtung an, zu der sich die kausalen Mikroprozesse aufsummieren. Die Finalität[38] widerspricht der Kausalität nicht und enthebt die Naturwissenschaft nicht der Aufgabe, die kausalen Einzelvorgänge zu finden.

Gott als Naturkraft, Lückenbüßer oder Transzendenz?

Oft wird von einem finalen Trend sogleich auf eine planende, zielgerichtet handelnde Vorsehung geschlossen. Dies ist beileibe nicht zwingend. Auf jeden Fall soll die dritte Möglichkeit zur Erklärung der Feinabstimmung weder als naturwissenschaftlicher Gottesbeweis postuliert noch als solcher bekämpft werden. Schließlich gibt es auch für andere physikalische Grundlagen, wie zum Beispiel die Energieerhaltung, keine kausale Erklärung. Die Ermangelung einer kausalen Erklärung würde Gott nicht notwendig machen, und ihn deswegen zu postulieren, wäre ein metaphysischer Kunstgriff ähnlich dem Vorschlag einer riesigen Menge nicht beobachtbarer Universen.

Gott dort als Ursache einzusetzen, wo die Naturwissenschaft noch keine Antwort hat, würde ein bestimmtes Gottesbild voraussetzen. In diesem Verständnis wird Gott als unmittelbare Ursache von gewissen Dingen oder Vorgängen betrachtet. Dies brächte Gott mit einer Naturgröße oder einem Naturvorgang in einen direkten Zusammenhang; ja, er wäre ein eigentlicher Teil des Vorgangs und objektiv wahrnehmbare Natur. Gott stünde gemäß diesem Verständnis auf der gleichen Stufe wie zum Beispiel die elektrische Kraft, die zwei gleich geladene Körper auseinandertreibt. In der Sprache der modernen Naturwissenschaft, die grundsätzlich ohne die Hypothese Gott arbeitet, sollte eine finale Tendenz nicht »Gott«, sondern eine »natürliche Eigenschaft des Universums« genannt werden.

[38] In der Scholastik wurde die wirkende Ursache *(causa efficiens)* von der Zweckursache *(causa finalis)* unterschieden. Den mittelalterlichen Philosophen war aber bereits klar, dass sich die beiden nicht gegenseitig ausschliessen.

Die Vorstellung von Gott als einer Naturkraft entspricht auch nicht dem Verständnis jüdisch-christlicher Theologie. Im Monotheismus geht es nicht nur darum, dass ein einziger Gott postuliert wird statt vieler Gottheiten. Das Göttliche wird vor allem nicht direkt mit den vielen Objekten und Vorgängen in der Natur identifiziert. Weil das Göttliche die Natur transzendiert und daher als Einheit betrachtet wird, kann es in diesem Verständnis nur einen einzigen Gott geben. Die biblischen Schöpfungsberichte wenden sich ausdrücklich gegen die Vergöttlichung von Naturkräften und Naturvorgängen, wie in Kapitel 1.5 geschildert wurde. Gerade gegen das Bemächtigen des Begriffs »Gott« als Naturkraft im kausalen Weltbild wehren sich moderne Theologinnen und Theologen vehement.

Vom Gottesbild als einer Hypothese, die nur immer dann herangezogen wird, wenn die Naturwissenschaften etwas nicht erklären können, wäre der Schritt zum göttlichen Lückenbüßer nicht mehr weit. Diesen Gott, auf die noch rätselhaften Lücken und verblüffenden Koinzidenzen fixiert und reduziert, könnte man getrost zur Seite stellen. Er wäre etwa wie ein Uhrmacher, den man vergisst, sobald man ihm seine Uhr abgekauft hat.

Der *biblische* Gott aber haust nicht in den Lücken, sondern wirkt in Gegenwart und Zukunft. Im Verhältnis von biblischem Gott zu naturwissenschaftlichen Koinzidenzen geht es nicht um die Frage, ob *er* sie angeordnet hat, sondern *warum* er alles, auch das kausal Erklärbare zwischen den Lücken, geschaffen hat. Nicht das Spezielle, also Ausnahmen, Lücken oder Koinzidenzen, deuten besonders auf Gott. Er erscheint nur in jener besonderen Wahrnehmung, die bereit ist, zu hören, geduldig zu warten und sich auf eine konsequenzenreiche Beziehung einzulassen. Der biblische Gott sagt von sich selbst im brennenden Dornbusch: »Ich bin, der ich sein werde.« Es werden in jener Geschichte sehr ungewöhnliche Umstände eines Feuers in der Wüste überliefert, in dem nichts verbrennt. Ihr Kern ist der Auftrag an Mose, mit den Israeliten aus Ägypten auszuziehen. Gott werde mit ihnen sein, und zwar nicht nur in brennenden Dornbüschen oder anderen unerklärlichen Wundern, sondern im täglichen Überlebenskampf. Aus biblischer Sicht ist auch das Gewöhnliche voller Rätsel und Wunder, denn Gott steht und wirkt hinter Mensch und Natur. Er steht hinter allem und ist in allem transzendent.

Fassen wir zusammen: Die Naturwissenschaften haben keine göttlichen Fingerabdrücke gefunden, die den Schöpfer eindeutig identifizieren lassen. Andererseits gibt es verschiedene Gottesvorstellungen im Zusammenhang mit Schöpfung. Wenn von Gott in der Natur gesprochen wird, muss der Begriff genau erklärt und kritisch gewertet werden. So sind der »Lückenbüßer« und die metaphysische Überhöhung der Feinabstimmung des Universums und der Naturgesetze als »Gedanken Gottes« zwei theologisch höchst zweifelhafte Konzepte. Die Natur kann nur als Schöpfung wahrgenommen werden, wenn die erkennende Person in einer Beziehung zur Natur steht, die auch Rückwirkungen auf ihr Fühlen, Handeln und Hoffen zulässt. Wir verstehen die Feinabstimmung des Universums noch nicht und sollten sie nicht überbewerten, aber vielleicht macht sie uns hellhörig für Wahrnehmungen göttlichen Wirkens im Alltag.

Das Entstehen von Neuem, aber auch sein Gegenteil, der Zerfall, und die Schöpfungsvorstellung werden im nun folgenden Teil vor allem aus der Perspektive der biologischen Entwicklung verdeutlicht. Das Ziel dieser Ausführungen ist nicht Vollständigkeit. Ich möchte vielmehr zeigen, wie sich die belebte Natur nach den selben Gesetzmässigkeiten, aber in unermesslich vielen fantasievollen Varianten entwickelte.

3. Teil

Leben und Sterben

Leben am Teich

In unserem Garten befindet sich ein kleiner Teich, von Weiden und Schilf umgeben. In der warmen Jahreszeit sonnen sich grasgrüne Laubfrösche auf breiten Seerosenblättern. Die Amphibien, zu denen die Frösche gehören, sind Pioniere in der Tierwelt. Sie entstiegen vor rund vierhundert Millionen Jahren dem Wasser und eroberten sich das Land als neuen Lebensraum. Die große Erfindung dieser Abkömmlinge von Fischen war es, Sauerstoff aus der Luft aufzunehmen, den einzellige Meeresalgen und später auch eine üppige Pflanzenwelt aus riesigen Farnen und Schachtelhalmen über Jahrmilliarden produziert hatten. Freilich haben sich die Frösche niemals gänzlich von der nassen Welt ihrer Ahnen gelöst, bedürfen doch ihre Eier steter Feuchtigkeit, und ihre Larven, die Kaulquappen, finden ihre Nahrung nur im Wasser. Pirscht man sich an den Teich, so sieht man die schwarz gepunkteten Gesellen immer auf den bestbesonnten Blättern. Die Größten drücken dabei ihr Blatt so tief, dass sie selber halb unter Wasser sind.

Eine Libelle sitzt auf einem Halm in der Sonne. Ab und zu fliegt sie lautlos und ruckartig über der Wasseroberfläche und zwischen den Schilfrohren hindurch. Kommt eine Rivalin in ihr Revier, wirbeln die Gegnerinnen über den Wasserspiegel, kollidieren mit hörbarem Rasseln der Flügelschläge und jagen sich, bis das Auge sie verliert. Sekunden später taucht die Herrin des Reviers wieder auf, als wäre nichts geschehen. Beim Landen auf einem Halm setzt die Wasserjungfer so leicht auf, dass dieser nicht ins Schwanken gerät.

Das Wasser liegt ruhig, und an einem warmen Sommertag hat man den Eindruck, dass hier nichts geschieht. Fast unbemerkbar schiebt sich alle zehn Minuten ein kleines Spitzchen durch die Wasseroberfläche. Es ist der Hinterteil eines Gelbrandkäfers, der sein großes Tracheensystem unter den marineblauen Flügeln mit Luft füllt. Den Käfer, etwa so groß wie eine Baumnuss, sieht man kaum unter der Wasseroberfläche. Nur der gelbbraune Rand seiner zu einem Panzer geformten Flügeldecken zeichnet die dunkle Gestalt ab. Seine kräftigen Vorderbeine sind mit Widerhaken versehen. Mit ihnen packt er seine Opfer, Kaulquappen und kleine Frösche, Fische bis zum Mehrfachen seiner eigenen Körpergröße oder auch seine eigenen Larven, hält sie fest und sticht mit seinen Mandibeln zu. Sie haben sich im Laufe der Entwicklung aus dem Oberkiefer der frühen Insekten zu tödlichen Beißzangen, Injektionsnadeln und Saugröhren entwickelt. Der Gelbrandkäfer lähmt sein Opfer mit Verdauungsenzymen, die er beim Zubeißen einspritzt. Enzyme bewirken chemische Reaktionen, ohne dabei selbst verbraucht zu werden, und sind ideale chemische Kampfstoffe. Das Gift löst die Gewebe auf, bis das Innere des Beutetiers gänzlich verflüssigt und verdaut ist und nur noch von der Haut zusammengehalten wird. Der Käfer saugt dann den Saft durch seine Mandibeln ab und lässt die leere Hülle fallen. In gewissen Gegenden Asiens werden Gelbrandkäfer gezüchtet und als Nahrungsmittel verkauft; besonders Kinder schätzen diese Käfer offenbar als knackige Leckerbissen.

Die vier Flügel der Libelle sieht man kaum, wenn diese mühelos in der Luft stillhält und auf Beute lauert. Hundertmal schneller als das menschliche Gehirn erkennt sie eine Mücke oder eine kleine Fliege und jagt ihr mit einer Geschwindigkeit bis zu hundert Kilometern pro Stunde nach. Sie zerreißt das Opfer noch in der Luft mit ihrem scharfen Mundwerk und putzt sich nach der Mahlzeit endlos ihre Fazettenaugen mit den Vorderbeinen.

Frösche hingegen verzehren ihre Beute ganz. Pfeilschnell springen sie bis zum Zehnfachen ihrer Körperlänge in die Höhe, umschließen das Opfer mit ihrer klebrigen Zunge und verschlucken es. Es gibt Berichte über Frösche mit noch zappelnden Libellen im Maul, die sie wegen ihrer Größe nicht hinunterwürgen konnten.

Beobachtungen am Teich holen mich aus der Todesvergesslichkeit und Idylle in die Wirklichkeit zurück, hat doch unsere Zivilisation das eigene Sterben aus der Gesellschaft hinausorganisiert und verdrängt. Den antiken Denkern[39] lieferte das *memento mori* (Gedenke des Todes!) ein Grundthema sowohl im alltäglichen Leben wie auch in der Philosophie.

[39] Auch moderne Philosophen beschäftigen sich mit dem Tod. Martin Heidegger hat die menschliche Existenz als ein »Sein zum Tode« qualifiziert, und Karl Jaspers schreibt: »Das Leben wird tiefer, die Existenz sich gewisser angesichts des Todes« (*Philosophie*, 2. Bd., 1932, S. 227).

Altes und Neues

Leben und Tod

In der Biologie ist das Sterben fast so wichtig wie das Leben. Ohne den billionenfachen Tod früherer Lebewesen gäbe es keine Evolution des Lebens, und es gäbe uns selber nicht. Das räuberische Morden der Tiere zwecks Ernährung hat auch den Nebeneffekt (oder ist es der Hauptgrund?) der Selektion. Bessere Überlebenschancen und größere Zahl von Nachkommen entscheiden über die Richtung der Entwicklung, über die biologische Evolution. Tierarten, die sich in einer veränderten Umwelt nicht anpassen konnten, starben aus und machten damit Platz für andere. Die biologischen Funktionen des Todes machen ihn aber für uns keineswegs erträglicher. Er bleibt eine große Katastrophe im Leben, die uns allen noch bevorsteht. Der Tod gibt der Zeit den Charakter eines befristeten Zeitraums, die Lebenszeit ist begrenzt durch Geburt und Tod.

Ginge es nicht auch ohne Tod? Im Laufe der letzten halben Milliarde Jahre wurde die Erde mindestens fünfmal von globalen Katastrophen heimgesucht. Vor 225 Millionen Jahren, etwas weniger als eine Umlaufszeit der Sonne in der Milchstraße, gab es eine dramatische Zäsur in der Biosphäre, vielleicht verursacht durch vulkanische Aktivität in Sibirien infolge großer Kontinentalverschiebungen, wobei sich auch gewaltige Lavaströme ins Meer ergossen. Verdampftes Wasser, Immissionen von Schwefeldioxyd und Rußteilchen in den oberen Luftschichten veränderten das Klima nachhaltig. Nur etwa zehn Prozent aller Tierarten überlebten, vorzugsweise solche mit mobiler und räuberischer Lebensweise. Selbst die Insektenarten wurden auf die Hälfte dezimiert. Der Klimawechsel hat damals die Pflanzen- und Tierwelt derart verän-

Abbildung 12: Am 18. Juli 1994 schlug ein Kilometer großes Bruchstück eines Kometen in den Jupiter ein. Der Einschlag entfesselte eine explosionsartige Fontäne, die dreitausend Kilometer in die Höhe schoss, und hinterließ einen über Wochen sichtbaren dunklen Flecken. Das aufgeworfene Material fiel auf den Jupiter zurück und bildete einen dunklen Ring um die Aufschlagstelle (Foto: NASA).

dert, dass heute noch Geologen ihre Gesteinsproben bequem danach datieren können. Andere katastrophale Klimaänderungen wurden durch Einschläge von Kometen verursacht. Vor fünfundsechzig Millionen Jahren, vermutlich ausgelöst durch den Aufprall eines elf Kilometer großen Meteoriten bei Chicxulub im mexikanischen Yukatan, starb innerhalb einiger hunderttausend Jahre rund die Hälfte aller Tierarten aus, darunter bekanntlich auch die Saurier. In den frei gewordenen Lebensraum hinein entfalteten sich in einer schlagartigen Entwicklung die schnell adaptiven Säugetiere, die damals und möglicherweise gerade deswegen einen großen Entwicklungssprung verzeichneten. Im nachfolgenden Zeitalter des Tertiärs löste sich der menschliche Zweig von den anderen Säugetieren. Je mehr gestorben wird, desto schneller die Evolution.

Die Entwicklung durch Evolution verläuft ganz anders als der technische Fortschritt. Ein Team von Ingenieuren konstruiert zum Beispiel ein neues Teleskop gemäß einem detaillierten Plan nach sorgfältigen Berechnungen und langwierigen Abklärungen. Ein Froschweibchen laicht Hunderte von Eiern, jedes mit einem Bauplan für zwei Augen und neuronaler Auswertungsperipherie, komplizierter und raffinierter als das modernste Teleskop. Nicht nur der Bauplan, selbst die automatische Produktionsanlage für das Auge wird in Form hochmolekularer Gene mitgeliefert. Eines oder zwei – vielleicht auch keines – der Eier entwickelt sich schließlich zu einem ausgewachsenen Frosch. Bei einigen Insekten sind die Erfolgsaussichten kleiner als eins zu einer Million. Ein defektes Teleskop wird immer wieder geflickt. Ein verletzter Frosch unseres Teichs wurde nach kurzer Zeit von der Katze der Nachbarin gefressen, und ein anderer nahm seine Stelle ein. Zu ihrem schrecklichen Ernst ist die Natur obendrein noch grenzenlos verschwenderisch.

Verschwenderisch ist die Natur auch in kosmischen Dimensionen. Nur Einzelsterne oder weit entfernte Doppelsterne können Planeten haben, und nur wenige Prozente der Sterne unserer Galaxie sind vom Typ der Sonne. Es ist vielleicht realistisch, anzunehmen, dass etwa zehn Eigenschaften mit der Wahrscheinlichkeit von je zehn Prozent nötig sind für einen Planeten, damit er so erdähnlich ist, dass sich darauf Leben entwickeln könnte. Dann hätte nur jeder zehnmilliardste Planet diese Voraussetzungen, und nur jede zehnte Galaxie hätte einen solchen Planeten. Auch wenn diese Zahlen eventuell um Zehnerpotenzen falsch sind, zeigen sie doch die überwältigende Großzügigkeit, mit der das Universum ausgestattet ist.

Die verschwenderische Fülle des Lebens, aber auch die Allgegenwart des Sterbens waren Jesus ein Gleichnis und Anknüpfungspunkt nicht nur für die Art seiner Verkündigung, sondern auch für die schöpferische Lebenskraft seiner Botschaft: »Der Sämann ging aus zu säen. Als er säte, da fiel das eine auf den Weg, und die Vögel kamen und fraßen es. Und das andere fiel auf das Felsige, wo es nicht viel Erde hatte und sogleich aufging. Aber die Sonne versengte es, weil es keine tiefen Wurzeln hatte. Und anderes fiel in die Dornen, und die Dornen wuchsen und erstickten es, so dass es keine Frucht brachte. Und anderes fiel in die gute Erde und brachte Frucht, die aufging und sich mehrte, dreißig-, sechzig- und hundertfach.« Das neue Wahrnehmen wächst, so Jesus, weil sich Gott selbstlos preisgibt. Obwohl es nur in guter Erde gedeiht, wird das Angebot einer kommunikativen Beziehung, der Grund dieses neuen Sehens, so risikofreudig verbreitet wie die ausgreifende, verschwenderische Dynamik des Lebens.

Wie Neues entsteht

Während einer Konferenz in Sizilien wohnte ich in einem Hotel dicht neben dem ausgedehnten Trümmerfeld einer altgriechischen Stadt. In freien Stunden durchstreifte ich die nicht für Touristen hergerichteten Ruinen und versuchte herauszufinden, wie die Stadt in ihrer Blütezeit vor gut zweitausend Jahren ausgesehen haben könnte. Nur wenige größere Steine waren übrig, die meisten Trümmer lagen verstreut oder in strukturlosen Steinhaufen herum. Erdbeben, Feinde, Bauherren, Schatzsucher und Archäologen mögen da gewirkt haben. Überreste von Mauern, Dächern, Tempeln, Wohnhäusern und öffentlichen Gebäuden lagen wüst und quer durcheinander. Selbst die früheren Straßen waren kaum auszumachen. Das wirre Durcheinander und der Verlust von Ordnung und jeglicher Struktur waren kaum zu überbieten. Die Wirkung des zweiten Hauptsatzes der Thermodynamik war unübersehbar, der besagt, dass die Entropie[40] gleich bleibt oder im Laufe der Zeit zunimmt. Das heißt vor allem, dass die nötige Information zur vollständigen Beschreibung eines Systems anwachsen muss. Je mehr die Einzelteile durchmischt werden, je größer die Unordnung, desto größer die Entropie, und desto mehr Information braucht es. Es wären Generationen von Archäologen und modernste Hilfsmittel nötig, um jeden Stein wieder an seine alte Stelle zurückzulegen und die einstige Ordnung annähernd wiederherzustellen. Der Unterschied zwischen Zerfall, der »wie von selber« eintritt, und den unvorstellbaren Mühen eines Wiederaufbaus der alten Stadt mit enormem Aufwand zeigt einmal mehr den irreversiblen Verlauf der Zeit.

Dass in den alten Weltbildern, in den Mythen und Schöpfungsgeschichten die Entstehung des ganzen Kosmos an den Anfang und noch vor den Beginn der Zeit gesetzt wurde, kommt nicht von ungefähr. Wie kann denn in dieser Welt des Zerfalls überhaupt Ordnung und Neues entstehen? Diese Frage ist heute faszinierendes Thema in verschiedenen Wissenschaften. Ein Beispiel wurde bereits in der Beschreibung der Sternentstehung gegeben. Sterne bilden sich aus zufälligen Schwankungen im interstellaren Gas. Die weitere Ent-

[40] Entropie ist ein Begriff der Wärmelehre, mit dem der Grad der Unordnung eines Systems gemessen wird. Sie kann in einem abgeschlossenen System nie abnehmen.

wicklung ist aber nicht zufällig, obwohl keine äußere Kraft einwirkt. Das Zusammenziehen verstärkt sich selbst; hat es einmal angefangen, geht es immer schneller.

Ein sich selbst verstärkender Prozess ist *nichtlinear,* denn sein Wachstum nimmt im Laufe des Geschehens zu. Das interstellare Medium ist instabil; nach einer langen Anlaufzeit, während derer scheinbar nichts geschieht, läuft die letzte Phase der Sternentstehung relativ schnell ab. Das Licht des fernen Infrarots und die Millimeterwellen durchdringen die kontrahierenden Urnebel junger Sterne. Könnten die Millionen Jahre der Sternentstehung in einem zeitgerafften Film gezeigt werden, sähe man die Kontraktion immer schneller und die Sterne am Schluss so plötzlich sichtbar werden, wie wenn abends die Straßenlampen zu leuchten beginnen. Als Gegenbeispiel zum nichtlinearen Prozess sei noch das anfänglich lineare Wachstum des Weißen Zwergs von EM Cygni aus Kapitel 1.1 erwähnt. Materie des Begleiters fließt stetig auf ihn hinunter. Über lange Zeiten hat der Massengewinn keinen Einfluss auf den Weißen Zwerg. Erst wenn ein beträchtlicher Teil des Begleiters abgeflossen ist, nimmt seine Masse merklich zu, und seine Anziehung wird größer. Daher ändert sich die Zuwachsrate; der Prozess wird nichtlinear. Schließlich erreicht die Masse die kritische Grenze, und der Stern explodiert als Supernova.

Bilden sich ein Stern, ein Planet, ein Sonnenfleck oder ein Wirbelsturm, läuft der Vorgang immer nach dem gleichen Muster ab: Ein System mit freier Energie oder mit Energiezufuhr von außen gerät über eine Instabilitätsschwelle, beginnt sich zu entwickeln, und diese Veränderung beschleunigt den Vorgang und verstärkt zufällige Anfangsfluktuationen um viele Zehnerpotenzen über sich selbst hinaus. Im Nichtgleichgewicht entwickelt sich der als chaotisch empfundene Ausgangszustand zu einer geordneten Struktur.

Der Prozess der Selbstverstärkung geht nicht endlos weiter. Nach einer gewissen Zeit treten sekundäre Effekte auf, welche dem Prozess entgegenwirken. Bei der Sternentstehung ist dies die Wärme der Kernverschmelzung im neuen Stern. Der nichtlineare Verlauf wird gestoppt, man spricht von Sättigung. Die Selbstorganisation[41] geht über in ein stationäres Fließgleichgewicht. In dieser Phase wird noch weiterhin Energie zugeführt, freigesetzt und als Wärme wieder abgeführt. Dieses Gleichgewicht ist nur temporär, und es kann nach einer gewissen Zeit scheinbarer Ruhe plötzlich zu weiteren Instabilitäten kommen. So wird die Sonne noch weitere 5,5 Milliarden Jahre in ihrem gegenwärtigen, fast stabilen Sättigungszustand bleiben, bis sie dann über eine spektakuläre Rote-Riesen-Phase ihren nächsten Kontraktionsprozess zum Weißen Zwerg durchläuft.

Sternwinde und Supernova-Explosionen alter Sterne sind Auslöser neuer Sternentwicklung. Das Alte versinkt nicht ins Nichts, sondern wird manchmal Teil eines Neuen. Ohne die anfänglichen Fluktuationen, das Chaos des Zerfallenen, gäbe es keine neue Struktur. Der Ausgangspunkt der Sternentwicklung ist selbst das Resultat früherer Prozesse von Selbstorganisation anderer Sterne und, ursprünglich, der Entstehung von Galaxien. Auf diese Weise baut sich eine hierarchische Ordnung auf: Galaxienhaufen ermöglichen die Bildung von Galaxien,[42] diese wiederum sind die Entstehungsgebiete für Sterne, welche den Rohstoff für Planeten produzieren, auf denen Leben entstehen kann usw. Es handelt sich auf allen Stufen um Prozesse, die sich ähnlich sind in den Grundgleichungen, aber in verschiedener Größenordnung und anderer zeitlicher Abfolge stattfinden.

[41] Das Thema Selbstorganisation wird im Kapitel 4.2 weitergeführt.

[42] Es wird häufig angenommen, dass Überhaufen, Galaxienhaufen und Galaxien entstanden, indem sich die größeren Strukturen zuerst bildeten, wie es das »top-down-Modell« postuliert. Aber auch das »bottom-up-Modell« mit umgekehrter Reihenfolge ist durch die Beobachtungen nicht ausgeschlossen.

Neues im Universum

Die Atome des menschlichen Körpers haben eine lange Geschichte hinter sich. Alle stammen aus früheren Prozessen, in denen Neues entstand. Die lange Kette führte von der Bildung der Galaxienhaufen und Galaxien über frühere Großsterne, welche die Elemente schwerer als Sauerstoff produzierten, dann über Kondensation von Staubkörnchen bis zur Planetenentstehung. Wir tragen das Resultat früherer kosmischer Geschehnisse und der Entwicklung des Universums in uns. Es gäbe keine Menschen ohne diese Kette von Prozessen, die durch die chemische, präbiotische und schließlich biologische Evolution noch um ein Vielfaches zu verlängern wäre. Die Kette früherer Prozesse weist auf die geschichtliche Vernetzung des Menschen mit dem ganzen Kosmos hin. Doch folgt man der stellaren Analogie, bestimmt die Herkunft nicht den Endzustand. Die Fluktuation des Anfangs prägt nicht den Ablauf eines sich selbst organisierenden Prozesses. Hat ein System seinen Attraktor[43] erreicht, kann man seine Herkunft nicht mehr im Detail rekonstruieren. Das System hat seinen Ursprung »vergessen«. So ist es wohl auch falsch, von der Herkunft des Menschen, sei das nun das Tierreich oder die Supernova, auf sein Wesen zu schließen. Zwar trägt er das Alte in sich, ist aber selbst etwas ganz anderes, etwas qualitativ Neues.

Das Beispiel der Sternentstehung zeigt, dass das Neue *nicht überall,* sondern nur an bestimmten Orten im Nichtgleichgewicht entstehen kann. Insbesondere bildet sich das Neue nicht willkürlich, wohl aber *spontan,* wie man etwa von sich selbst organisierenden Tiefdrucksystemen der irdischen Atmosphäre weiß. Eine plötzlich über dem Atlantik entstandene Zyklone kann eine lange Schönwetterperiode zu einem

[43] Systeme, die anfänglich weit außerhalb des Gleichgewichts sind, kommen oft nach einer gewissen Zeit in eine Phase, in der sie sich stabilisieren, indem sie zum Beispiel regelmässig schwingen oder einfach stationär werden. Diesen vorläufigen Endzustand einer Entwicklung nennt man Attraktor.

jähen Ende bringen. Es wird nie möglich sein, das Wetter des nächsten Jahres zu berechnen. Sicher werden sich Zyklone immer noch bilden, doch lässt sich nicht genau voraussagen, wann und wo. Es ist die nichtlineare und labile Entwicklung – die sogenannte schwache Stabilität – einer Unzahl atmosphärischer Moleküle, die das verhindert.

Neues entsteht zuhauf im Universum, aber auch in unserer alltäglichen Umwelt. Natürlich bewerten wir subjektiv nicht jede neue Struktur gleich. Besonders augenfällig sind jene Zeitpunkte, da neuartige Prozesse auftauchten und die Entwicklung – wiederum sprungartig – sich selber entwickelte. Es lassen sich heute fünf wesentliche Bruchstellen erkennen, in denen der kosmischen Entwicklung grundsätzlich neue Möglichkeiten eröffnet wurden. In der ersten Phase des Universums ereignete sich das Neue durch *Symmetriebrüche* der elementaren Kraft- und Teilchenfelder (Kapitel 2.4). Mit dem Durchsichtigwerden des Universums änderte sich etwa eine halbe Million Jahre nach dem Urknall die Entwicklung zur *Selbstorganisation* der Materie dank der freien Energie der Gravitation. Galaxienhaufen, Galaxien und Sterne entstanden, wie in Kapitel 1.2 bereits beschrieben. Nach weiteren rund zehn Milliarden Jahren entstanden Planeten wie die Erde und ermöglichten durch ihre idealen Bedingungen die *chemische Entwicklung* auf der Stufe der Moleküle. Sie begann mit der Katalyse, der Selbstorganisation chemischer Vorgänge, und führte wahrscheinlich nach einigen hunderttausend Jahren zur Entstehung des Lebens. Mit der biologischen Fortpflanzung eröffnete sich eine Vielfalt neuer Entwicklungsmöglichkeiten, welche die *biologische Evolution* der Arten auslöste. Die chemisch-biologische Evolution wird im folgenden Kapitel vorgestellt und erläutert. Nachdem einfachste, einzellige Lebewesen recht früh in der Erdgeschichte entstanden sind, brauchte es eine Entwicklung von fast drei Milliarden Jahren für mehrzellige Organismen. Nach weiteren Hunderten von Jahrmillionen und erst im Laufe der letzten Million Jahre führte ihre Entwicklung schließlich zum Bewusstsein, ein naturwissenschaftlich schwer fassbares Phänomen, das mit der *kulturellen Entwicklung* der menschlichen Gesellschaft eine weitere Entwicklungsdimension ermöglichte. Auch kulturelle Prozesse sind selbstregulierend und können sich selbst verstärken. Einer dieser sich selbst organisierenden kulturellen Prozesse ist die Naturwissenschaft.

Evolution der Lebewesen

Warum gibt es Leben auf der Erde?

Der Schritt von einzelnen Atomen zur Komplexität der einfachsten Lebewesen ist unvorstellbar groß und über weite Strecken noch unbekannt. In der zweiten Hälfte des 20. Jahrhunderts sind verschiedene Teilprozesse erklärt worden, so dass die Hypothese der Entstehung von Leben aus unbelebter Materie gestärkt wurde. Unter Naturwissenschaftlern ist

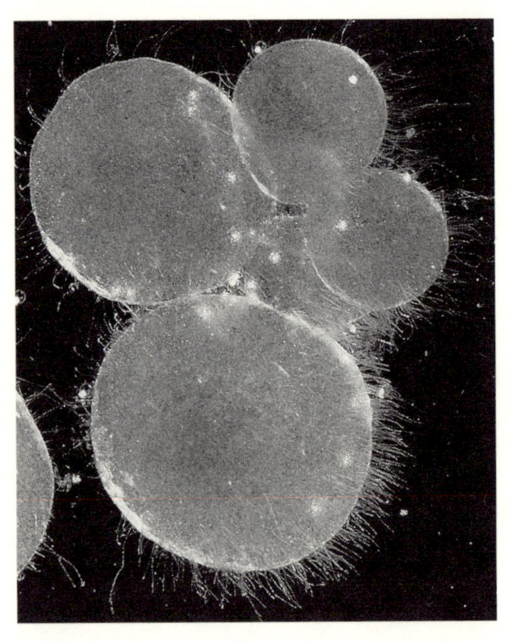

Abbildung 13: Blaualgen sind weniger als einen Zehntelmillimeter groß. Vorläufer dieser Cyanobakterien lebten schon vor dreieinhalb Milliarden Jahren im Meer und im Süßwasser. Sie sind die ältesten bekannten Zellen (Foto: Dwight R. Kuhn).

die Meinung weit verbreitet, dass sich selbst verstärkende Prozesse dabei eine entscheidende Rolle gespielt haben müssen.

Um der Komplexität des Lebens gerecht zu werden, die jene einer konstruierten Maschine – selbst modernster Elektronik – um viele Größenordnungen übertrifft, müssen wir uns zuvor den enormen Schwierigkeiten stellen, denen die biochemische Forschung gegenübersteht. Exemplarisch lässt sich das am Molekül der Desoxyribonukleinsäure (DNS) zeigen, der Erbsubstanz aller Lebewesen. Sie besteht auch beim einfachsten Virus aus über zehntausend kleinmolekularen Bausteinen, den Nukleotiden. Meistens treten nur vier Arten davon auf, deren Anordnung im DNS-Molekül die Erbsubstanz ausmacht. Wäre es möglich, dass die richtige Reihenfolge der Nukleotiden rein zufällig zustande kam? Nehmen wir einmal an, dass sich alle der rund 10^{75} Kohlenstoffatome des beobachtbaren Universums zu Nukleotiden verbänden, die jede Millionstelsekunde in Sequenzen von je zehntausend neu angeordnet würden. Die Wahrscheinlichkeit, dass sich seit der Entstehung des Universums nur einmal die richtige Reihenfolge rein zufällig gebildet hätte, wäre eins zu 10^{5900}. Der bekannte Astrophysiker Fred Hoyle hat dazu bemerkt, dass dies etwa so unwahrscheinlich sei wie der zufällige Zusammenbau eines Jumbo-Jets aus dessen Einzelteilen auf einem Schrottplatz, wenn ein Wirbelwind darüber fegt. Diese Unwahrscheinlichkeit ist in der Tat so groß, dass sie einem Ausschluss gleichkommt. Sie ist noch viel größer in komplexeren Lebewesen und beim Menschen. Verschiedene Naturwissenschaftler haben vor dieser Schwierigkeit kapituliert und betrachten die Entstehung des Lebens als unerklärbar.

Bevor sich aber die Naturwissenschaft außerstande erklärt, die Entstehung von Leben zu ergründen, müssen die Voraussetzungen der Wahrscheinlichkeitsrechnung überprüft werden. Es ist nicht nur unwahrscheinlich, sondern chemisch unvorstellbar, dass zehntausend Nukleotide sich spontan zu einem einzigen Molekül verbinden. Chemische Reaktionen dieser Art laufen immer über viele Zwischenstufen ab, was eine ganz andere Rechnung verlangt. Von Stufe zu Stufe werden die Moleküle größer und vielfältiger, und die Regel, nach der die chemischen Reaktionen ablaufen, ist nicht der reine Zufall.

Im Folgenden werden fünf Entwicklungsphasen beschrieben, durch die das Leben entstanden sein könnte. Jede umfasst selber wieder viele chemische Reaktionen und Stufen. Die fünf Phasen sind nur eine schematische Gliederung und kurze Zusammenfassung des neusten Stands der biochemischen Kenntnisse und der Unwissenheit.

In der ersten Phase begegneten sich Atome und Moleküle in der Tat zufällig in Stößen und verbanden sich zu kleinen organischen Molekülen. Nur in dieser Phase spielte der Zufall auf die oben beschriebene Weise. Weil aber die Moleküle nur aus wenigen Atomen aufgebaut waren, entstanden sie häufig. S. Miller und H. Urey simulierten in einem berühmten Experiment von 1952 die irdische Uratmosphäre im Laboratorium. Sie schickten eine Woche lang elektrische Entladungen durch ein Gemisch aus verschiedenen, in der Uratmosphäre vermuteten Gasen, unter anderem Methan, Ammoniak und Wasserdampf, aber ohne Sauerstoff, und beleuchteten es mit starker ultravioletter Strahlung. Schon im ersten Experiment bildeten sich vier verschiedene *Aminosäuren,* die Bausteine der lebenswichtigen Eiweißstoffe und Enzyme, sowie Fettsäuren und Harnstoff. Durch Variationen der chemischen Zusammensetzung und der Anregung auch durch Wärmepulse oder Schockwellen konnten Miller und Urey schließlich die zwanzig wichtigsten Aminosäuren synthetisieren. Aminosäuren sind Moleküle aus zehn bis fünfundzwanzig Wasserstoff-, Kohlenstoff-, Sauerstoff- und Stickstoffatomen. Spätere Experimente haben auch einzelne ähnlich aufgebaute *Nukleotide* nachgewiesen, die Bauelemente der Nukleinsäuren.

Die zweite Phase spielte sich vermutlich im Wasser ab, wo

sich die in der ersten Phase gebildeten Moleküle lösten. Nicht nur einzelne Atome werden angelagert, es verbinden sich bereits kleine Moleküle zu größeren. Neben dem Zufall der Stöße wird die elektromagnetische Anziehung wichtiger und bestimmt schließlich die Reaktionsraten. Eine der vielen möglichen Produkte, die sich in dieser Ursuppe dann bildeten, sind *Panteteine.* Sie wurden in entsprechenden Experimenten nachgewiesen und sind von Interesse, da Pantetein ein Teil des wichtigen biologischen Moleküls Coenzym A ist, auf dem viele Enzyme und andere biochemische Substanzen basieren.

In der dritten Stufe bauten sich diese Moleküle zu *Polymeren* auf, fadenförmige, vernetzte oder verknäuelte Makromoleküle wie zum Beispiel einfache Nukleinsäuren und Eiweiße. Zur Zeit werden vielversprechende Experimente gemacht mit dem Ziel, hochmolekulare Moleküle auf Oberflächen von kleinen Festkörpern in wässerigen Lösungen aufzubauen. Auf schwebenden Tonmineralien verbinden sich Dutzende von Nukleotiden zu langen Polymerketten. Es ist denkbar, dass sich in solchen Suspensionen auch Enzyme entwickelten. Sie sind spezielle Eiweiße mit Katalysatorwirkung und beschleunigen einen chemischen Vorgang, ohne dabei verbraucht zu werden. Sie ermöglichen und steuern die meisten biochemischen Reaktionen. Unter den lebenswichtigen Enzymen gibt es auch solche mit autokatalytischen Eigenschaften, bei der sich der Stoff selber vermehren kann. In einem autokatalytischen Prozess werden die Reaktionspartner darum immer zahlreicher, der Vorgang läuft schneller ab und verstärkt sich selber. Die mathematischen Gleichungen, die autokatalytische Prozesse beschreiben, sind zum Teil identisch mit jenen der Sternentstehung. Diese präbiotischen Vorgänge sind ebenfalls selbstorganisierende Prozesse.

Bis hierher muss die Chemie ziemlich ungesteuert abgelaufen sein. In der vierten Stufe begann eine neuartige Entwicklung, in der chemische Reaktionen auf kleine Zonen begrenzt waren und durch Nichtlinearität und Sättigung kontrolliert wurden. Die russischen Biochemiker V. Fok und A. Oparin haben gezeigt, dass sich sogenannte »micro-drops« bilden können mit einer membranartigen Hülle. Die *Membran* trennt die spätere Zelle von der Außenwelt, an ihr laufen katalytische Reaktionen ab, welche den gezielten Austausch zwischen innen und außen ermöglichen.

Die fünfte Phase, in der sich diese zellenartigen Gebilde zu vermehren begannen, bleibt noch weitgehend unverständlich. Sicher entwickelten sich DNS-Moleküle erst auf dieser

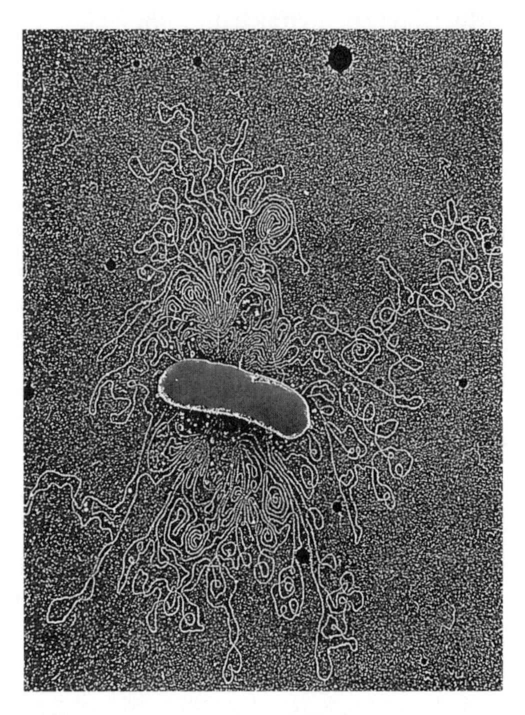

Abbildung 14: In der dunkel eingefärbten Bakterienzelle (Escherichia coli) mit wenigen Mikrometern Durchmesser wurden künstlich die DNA-Moleküle freigesetzt und sichtbar gemacht. Sie breiten sich dadurch fadenförmig aus. Im ungestörten Zustand sind sie im hier nicht sichtbaren, winzigen Zellkern zusammengeknüllt (Foto: Gopal Murti/CNRI/Phototake).

Stufe und übernahmen ihre Rolle als zentrale Steuerorgane, Informationsträger und Erbsubstanz der *Zelle.* DNS hat die Form einer doppelsträngigen Spirale und ist beim Menschen in rund hunderttausend logische Blöcke gegliedert, die Gene. Ein einzelnes Gen ist aus etwa tausend einfachen Bausteinen, den erwähnten Nukleotiden, zusammengesetzt. Der lange Weg von Nukleotiden zu DNS hat sicher über viel einfachere Nukleinsäuren geführt. Eine wichtige Zwischenstufe war möglicherweise die Ribonukleinsäure (RNS), die ebenfalls aus Nukleotiden besteht, aber normalerweise nicht als Doppelspirale, sondern als einsträngige Kette vorkommt. RNA-Moleküle sind katalytisch aktiv und spielen auch heute noch eine wichtige Rolle, indem sie die Erbinformation der DNS ablesen und gemäß dieser Anweisung zellenspezifische Eiweiße produzieren. Möglicherweise bestand die fünfte Phase selbst aus unbekannten Phasen und war wohl der größte Schritt, den die chemische Entwicklung gemeistert hat.

Gewiss ist die Kenntnis der Entstehung des Lebens noch skizzenhaft und voller Lücken. Diese sind aber nicht so, dass man das Erscheinen dieser neuen Struktur des Universums als naturwissenschaftlich völlig unerklärbar bezeichnen müsste. Bereits können die heutigen Erkenntnisse einige früher rätselhafte Eigenschaften des Lebens auf der Erde erklären. So folgt aus der Hypothese der Entstehung des Lebens in der Ursuppe der ersten Jahrmilliarde unserer Erde die auffallende chemische Gleichförmigkeit allen Lebens. Die ungeheure Vielfalt der für den lebenswichtigen Stoffwechsel und die Vererbung notwendigen Makromoleküle aller Lebewesen ist aus den gleichen wenigen Bestandteilen gebildet: zwanzig Aminosäuren und fünf Nukleotide. Mit etwas Fantasie könnte man sich noch ganz andere Möglichkeiten der organischen Chemie vorstellen. Die Schlichtheit der chemischen Mittel, mit denen das Leben auskommt, deutet auf einen gemeinsamen Ursprung oder eine Urform allen Lebens. Lebewesen haben sich in einer langen Evolution immer wieder an die wechselhafte

Umwelt angepasst und sich so über die ganze Erde ausgebreitet, von den Tiefen der Meere, wo selbst neuntausend Meter unter der Wasseroberfläche noch Bakterien gefunden wurden, bis zu den obersten Schichten der Atmosphäre oder am Gestein inmitten kochender heißer Quellen und Schwefeldämpfe. Diese Anpassungsfähigkeit des Lebens darf nicht zur Annahme verleiten, Leben könne unter fast beliebigen Umständen entstehen. Die Resultate der Biochemie machen klar, dass sich infolge des Sauerstoffs in der *heutigen* Atmosphäre der Erde kein Leben mehr bilden würde. Auch haben sich die Intensität der Ultraviolettstrahlung der Sonne, die Häufigkeit elektrischer Entladungen, Einschläge von Meteoriten sowie Methan und Ammoniakgehalt der Luft so vermindert, dass, würde heute alles Leben ausgelöscht, die Erde nie wieder in den Urzustand gelangen könnte, in dem sich Leben bilden kann.

Fassen wir zusammen: Chemische Vorgänge folgen nicht simplen Zufallsprozessen einzelner Atome. Katalytische und autokatalytische Prozesse können einen seltenen Stoff vermehren und zum Ausgangsmaterial eines nachfolgenden Vorgangs machen. Sie verkürzen die Entwicklungszeit um viele Zehnerpotenzen. Die anfangs erwähnte Unwahrscheinlichkeit wird den biochemischen Lebensvorgängen sicher nicht gerecht. *Nicht der Zufall hat das Leben hervorgebracht, sondern die Selbstorganisation.* Sich selbst verstärkende Prozesse treten sporadisch und lokal auf und machen die Entwicklung zu einem nichtlinearen Phänomen, dessen Wahrscheinlichkeit sich heute noch nicht zuverlässig berechnen lässt. Auch wenn es noch keine geschlossene Theorie der Entstehung des Lebens gibt – und vielleicht nie geben wird –, zeichnet sich in diesen Prozessen ein Szenarium ab, in dessen Rahmen das Leben hätte entstehen können. Die Bedingungen dazu sind schwer zu erfüllen, sind die Voraussetzungen aber vorhanden, könnten nach diesem Bild einfache einzellige Lebewesen innerhalb weniger hundert Millionen Jahre entstehen. Auf diese

Weise wird es verständlich, warum das Leben in Form einzelliger Mikroorganismen weniger als achthundert Millionen Jahre nach der Bildung des Sonnensystems auf der Erde erwachte, also zum nahezu frühesten überhaupt denkbaren Zeitpunkt.

Evolution der Evolutionstheorie

Auch die weitere Entwicklung der Lebewesen war vielfältiger und komplizierter, als man früher dachte. Die Evolution der

Abbildung 15: Vor fünfhundert Millionen Jahren haben Trilobiten diese knapp zehn Zentimeter langen Versteinerungen hinterlassen. Sie waren weit verbreitet und entfalteten einen ungeheuren Formenreichtum. Vor 185 Jahrmillionen machten ihnen höher entwickelte Gliedertiere den Lebensraum streitig, so dass sie ausstarben. Trilobiten dienen heute als Leitfossilien zur Altersbestimmung von Gesteinen aus dem Erdaltertum (Foto: James L. Amos).

Arten verlief nicht so gleichmäßig, wie das Charles Darwin im 19. Jahrhundert postulierte. Der Paläontologe Niles Eldredge hat als Doktorand jahrelang nach versteinerten Trilobiten gesucht, um nachzuspüren, wie sie sich im Laufe der Erdgeschichte veränderten. Sie glichen den heutigen Asseln, waren aber zehnmal größer. Erstmals in Erscheinung traten sie vor 570 Millionen Jahren, breiteten sich bald über die ganze Erde aus und entwickelten sich zu Tausenden von Arten. Eine bestimmte Untergruppe dieser heute ausgestorbenen »Urkrebse« war zur Zeit des Paläozoikums im Meer, das den heutigen amerikanischen Kontinent bedeckte, weit verbreitet. Eldredge trug Schicht um Schicht ab. Über eine Zeitspanne von vielen Millionen Jahren zeigten die Trilobiten nicht die geringste Veränderung. Dann aber, in einer bestimmten Schicht und ohne jeden Übergang, entdeckte der junge Forscher eine Veränderung in der Zahl der Augenlinsen.

Erst Jahre später fand Eldredge die Lösung des Rätsels in einer Ablagerung am Rande des Ausbreitungsgebietes dieser Trilobiten. An jenem Fundort, wo vielleicht der Überlebenskampf besonders hart und verlustreich war, gab es Übergangsformen der Trilobitenaugen. Hier, auf kleinem Raum und relativ schnell, spielte sich das ab, was Darwin als Selektion des Tüchtigsten vermutete. In einer abgetrennten, geographisch isolierten und ums Überleben kämpfenden Splittergruppe erhalten mutierte Gene ein größeres Gewicht. Trilobiten mit der neuen Augenart waren der Herausforderung der lokalen Umwelt besser gewachsen und vermehrten sich schneller. Sie dominierten schließlich nicht nur am Ort ihres Entstehens. Ihre Art breitete sich aus und verdrängte auch in anderen Gebieten die alte Art der Trilobiten, was dort offenbar, geologisch gesprochen, über Nacht geschah.

Der zeitlichen Evolution ist ein räumlicher Aspekt überlagert. Infolge Migration treffen verschiedene Arten aufeinander. Die Evolution findet vor allem auf der Stufe der Arten statt, also nicht nur zwischen Individuen der gleichen Art, sondern auf der übergeordneten Ebene. Verschiedene Arten konkurrieren um den selben Lebensraum. Die tüchtigste verdrängt die anderen und überlebt.

Das Entstehen neuer biologischer Formen zeigt somit, wie die Kreativität sich selbst entwickelt. Auch die biologische Evolution ist der Evolution unterworfen. Nicht zu Unrecht wehren sich daher die Biologen gegen eine vorschnelle Vereinnahmung der biologischen Entwicklung durch mathematische Gleichungen und Begriffe aus der Physik. Trotzdem ist es hilfreich, die Gemeinsamkeiten aufzuzeigen.

Die biologischen Arten sind über Jahrtausende stabil, obwohl Umwelteinflüsse wie zum Beispiel kosmische Strahlung dauernd Mutationen der Gene verursachen. Dies entspricht den Fluktuationen eines physikalischen Systems im indifferenten Gleichgewicht. Ein Beispiel dieser Art von Gleichgewicht ist ein Würfel auf einer waagerechten Ebene. Der Würfel wird aus allen Richtungen mit kleinen Geschossen beworfen und rutscht mit einer Zitterbewegung. Gibt man der Ebene nun ein ganz schwaches Gefälle, ist der Würfel nicht mehr im Gleichgewicht, und sein Zickzackkurs tendiert in die Richtung des Gefälles. Ähnliches passiert, wenn eine biologische Art einer sich ändernden Umwelt ausgesetzt ist, in welcher Individuen mit gewissen Eigenschaften besser überleben und sich fortpflanzen. Der Genpool, die Gesamtheit der Gene aller lebenden Individuen der Art, verändert sich systematisch. Es entsteht schließlich eine neue Art. Die evolutive Tendenz entspricht dem Gefälle und der freien Energie des Würfels. Der Evolutionsdruck kann räumlich begrenzt wirken wie bei den Trilobiten, aber auch die Richtung im Laufe der Zeit ändern. Das ist vor allem bei Klimaänderungen der Fall, wenn vielleicht aus einer offenen Savanne ein dichter Dschungel wird. Je nach den Umweltbedingungen werden zum Beispiel kleine, bewegliche oder dann wieder große, starke Lebewesen bevorzugt.

Heute verändert unsere technische Zivilisation die Richtung des evolutiven Gefälles der Spezies Mensch so rasch, dass die Richtung seiner Evolution nicht klar ist. Technische und medizinische Hilfe machen fast jeden Menschen überlebens- und fortpflanzungsfähig. Man könnte die These aufstellen, die Technik selber oder allgemeiner die Kultur sei die Fortsetzung der menschlichen Evolution, und für biologische Entwicklungen des Menschen existiere kein Gefälle mehr.

Seit Eldredges Entdeckungen wurden weitere Belege dafür gefunden, dass die kontinuierliche Entwicklung einer bestimmten Art von Lebewesen sehr langsam verläuft. Auffällige Mutanten sind meistens nicht lebensfähig. Aber jedes Lebewesen unterscheidet sich von anderen (zum Beispiel in seinen körpereigenen Proteinen), auch wenn es äußerlich dem anderen sehr ähnlich ist. Diese spielerisch anmutenden Änderungen bewirken aber offenbar noch wenig oder keine Entwicklung. Erst wenn der Überlebenskampf hart wird, spielen kleine Unterschiede eine große Rolle. Unter Leidensdruck kommt die Entwicklung in rasche Fahrt: Im Interglazial vor der letzten Eiszeit haben Neandertaler die entstandene ökologische Nische des eisfreien Europas erschlossen. Sie wurden noch während der nachfolgenden Klimakatastrophe von unseren Vorfahren verdrängt, die dem Überlebensstress während der Eiszeit anscheinend besser gewachsen waren. Mit den zurückweichenden Gletschern breitete sich unsere Art des *Homo sapiens* in kurzer Zeit über die ganze Erde aus bis nach Europa, Australien und Amerika.

Empfindet man Mutationen von Lebewesen noch als Spielerei der Natur, so ist die Selektion im Überlebenskampf ein erbarmungsloses Leiden. Der biologische Fortschritt wird mit Tränen erkauft. Am meisten erschüttert, dass das Leiden keine Garantie zur Höherentwicklung ist. Oft erscheint der Tod als Rückschlag oder als das brutale Ende einer Entwicklung.

Was ist der Tod?

Der Reismehlkäfer, *tribolium castaneum,* ist ein heute über die ganze Erde verbreiteter und gefürchteter Vorratsschädling. Er kann unter anderem mit dem Insektizid Malathion bekämpft werden. Vor einigen Jahren wurde überraschend festgestellt, dass dieses Gift an gewissen Orten plötzlich seine Wirkung verliert und die Käfer sich unbeschadet weiter vermehrten. Der kanadische Biologe Robert Dunbrack wollte diesem Phänomen auf den Grund gehen und machte sich die hohe Vermehrungsrate des Reismehlkäfers für folgendes Experiment zu Nutze: Er verteilte Reismehlkäfer gleichmäßig in zwei Behälter. Beide Gruppen wurden regelmäßig gefüttert, und zwar mit einer knappen Ration je nach Anzahl der Käfer, so dass sie einem Wettbewerbsdruck ausgesetzt waren. Die Nahrung beider Gruppen enthielt eine geringe Dosis Malathion, nicht tödlich, aber ungesund für die Käfer. Im ersten Behälter entnahm Dunbrack jeweils die frisch geschlüpften Nachkommen und ersetzte sie mit Käfern aus einer Reservegruppe, die noch nie mit Malathion in Berührung gekommen waren. Damit verhinderte er jede Anpassung und Entwicklung. Im zweiten Behälter ließ er der Evolution ihren Lauf.

Zunächst vermehrte sich die an ihrer Entwicklung verhinderte Population besser, weil die neuen Käfer bereits fortpflanzungsfähig waren. Aber die ursprüngliche Besatzung war vom Schadstoff geschwächt, und die frischen Käfer fraßen den alten die Nahrung weg, so dass sie weniger Nachkommen hatten. Die Gesamtzahl der Käfer im ersten Behälter verminderte sich daher zusehends. Schließlich starb die an der Entwicklung gehinderte Population aus. Dasselbe geschah sogar, wenn Dunbrack jeden Nachkommen durch drei frische Käfer ersetzte.

Ganz anders die evolvierende Gruppe: Zunächst sah es schlimm aus für sie. Die geschwächten Reismehlkäfer hatten wenig Nachkommen, von denen nur wenige überlebten. In einer Versuchsreihe sank die Mitgliederzahl bis auf ein

Fünfzigstel des Anfangswerts. Nach fünf Generationen kehrte sich die Situation aber jedesmal dramatisch um. Es gab offensichtlich immer wieder Käfer, denen Malathion weniger Schaden zufügte als anderen. Eine zufällige Eigenschaft ihrer Erbsubstanz machte sie etwas widerstandskräftiger gegen das ihnen bisher fremde Gift. Besser an das Insektizid angepasste Käfer überlebten, wurden mit jeder Generation widerstandsfähiger und setzten sich auch im Ernährungskampf gegen die älteren Generationen durch. Ihre Zahl übertraf schließlich den Anfangswert und stieg weiter bis zum Abbruch des Experiments.

Das Experiment zeigt drastisch, wie eine Tierart nur überleben kann durch eine Folge von Generationen und selektiver Anpassung. *Durch den Tod des Individuums überlebt die Art bei sich ändernden Lebensbedingungen.*

Eine bestimmte Art von Lebewesen, genauer die Gesamtmenge ihrer Gene, entwickelt sich ähnlich wie ein sich selbst organisierendes physikalisches System. In der biologischen Evolution entspricht jede Tierart einem System im Fließgleichgewicht. Zur Entstehung physikalischer Strukturen muss die anfallende und störende Wärmeenergie wegfließen können, damit der Prozess wieder weitergehen kann. Beim Beispiel der Sternentstehung würde sich ohne das Abfließen der Kontraktionswärme als Strahlung das Fließgleichgewicht und damit die Ordnung wieder auflösen. Dem Wärmeabfluss des physikalischen Systems entspricht in der biologischen Entwicklung der Tod des Individuums. Dank dessen Tod bleiben die Arten nicht starr, sondern können sich in einem gewissen Grad an eine veränderte Umwelt adaptieren. Die Lebensbedingungen einer Tierart wandeln sich im Laufe der Jahrtausende infolge von Klimaänderungen, globalen Katastrophen, Veränderungen der chemischen Zusammensetzung von Luft und Wasser, des Nahrungsangebots, durch neue Konkurrenten und das Aussterben von Feinden. Ohne den Tod gäbe es keine Selektion zur Anpassung. Sie wiederum bewirkte die Entwicklung zu höheren Lebewesen bis zu den Menschen.

Irritiert wird manche Leserin und mancher Leser bemerken, wie leichtfertig in der Naturwissenschaft vom Tod gesprochen wird, wo doch dieses Ereignis schwer auf dem Leben des einzelnen Menschen lastet. Getreu ihrer Methode blendet die Naturwissenschaft die subjektive Seite des Leidens und des Todes aus. Gerade in diesem Fall scheint das aber nicht zu funktionieren, denn es fällt dem Menschen schwer, seinen Tod zu objektivieren, das heißt so zu betrachten, wie wenn er davon nicht betroffen wäre. Das denkende Subjekt sträubt sich dagegen, seinen eigenen Tod wirklich unbeteiligt zu betrachten, und kann daher kein naturwissenschaftliches Verhältnis zu ihm finden. Den eigenen Tod als kleinen Schritt in die Entwicklung des Universums einzuordnen, ist angesichts der evolutionären Fehlentwicklungen und Sackgassen keine Beruhigung. Und selbst wenn der kleine Schritt ein naturwissenschaftlicher Fortschritt bedeutete, würde dies noch keinen Sinn stiften, es sei denn, die Evolution als ganze wäre sinnvoll. Eine solche Feststellung ist aber auf der objektivierenden, kausalen Sprachebene der Naturwissenschaften nicht möglich.

Die Naturwissenschaft kann das Verhältnis der menschlichen Existenz zum Tod nicht klären, weder zum eigenen Tod noch zu jenem anderer Lebewesen. Die kausale Erklärung eröffnet dazu keine persönliche Beziehung, die Trennung von Subjekt und Objekt scheitert an diesem Thema. Es soll nun im nächsten Abschnitt versucht werden, den Tod vom Standpunkt der Schöpfung her zu bewerten. Wir machen damit einen großen Schritt über den Graben und begeben uns auf die religiöse Sprachebene, die nach den Beweggründen des handelnden Gottes fragt.

Begegnungspunkt Tod

Die Vorstellung, dass in dieser Welt, in Raum und Zeit, etwas Neues überhaupt entstehen kann, wie es in der Astrophysik – und zuvor in Biologie und Geologie – ins Blickfeld geraten ist, liegt auch dem Christentum zugrunde.[44] Nach jüdisch-christlichem Verständnis entwickelt sich die Welt. Es treten bleibende Veränderungen auf, und es wird auch in Zukunft noch nie Dagewesenes entstehen. Als Gottes Wille und Heilsgeschichte verstanden, schreitet die Zeit fort vom Anfang zu den Erzvätern und dann über Jesus in eine offene Zukunft, ja zu einem Ende hin. Die Entwicklung ist nicht zyklisch. Die Zeit wiederholt sich nicht, Gottes Handeln lässt Altes zerfallen und Neues entstehen.

Es gibt in der christlichen Tradition verschiedene Vorstellungen, wie Neues entsteht. Eine davon ist die Entstehung des Neuen aus dem Nichts. Sie hat sowohl biblische (2 Makkabäer 7,28) wie neuplatonische Wurzeln. Augustinus hat um das Jahr 400 n.Chr. dieses Gedankengut zu einer Lehre verbunden, welche die europäische Kultur bis in die Neuzeit geprägt hat und noch heute verbreitet ist. Sie ist in Kapitel 1.5 angeklungen in der Wahrnehmung von Gegenwart, in der uns die neue Zeit wie aus nichts erschaffen entgegenkommt. Hier möchte ich die andere, ältere Tradition betonen, gemäß der das Neue nicht aus dem Nichts entsteht, sondern sich aus dem Vorhandenen, dem Zerfallenden und dem Alten bildet; es ist sogar schon da, man muss es in der Gegenwart nur bemerken. Ein Beispiel, wie dieses Neue zu erwarten ist, wird uns im Alten Testament überliefert. Das Volk Israel wurde im

[44] Auf die Zeit und ihre Wahrnehmung als Vergleichspunkt von Theologie und Naturwissenschaft hat A. M. K. Müller hingewiesen in *Die präparierte Zeit*, Stuttgart 1971, und in: *Wendepunkt der Wahrnehmung*, München 1978.

Jahre 587 v. Chr. von Nebukadnezar besiegt und nach Babylon deportiert. Das Königtum der Nachkommen Davids war ausgelöscht, Jerusalem und der Tempel waren zerstört, Kultur und Religion der Israeliten am Zerfallen. Der ebenfalls verschleppte Prophet zeigt seinem Volk eine Hoffnung auf mit den Worten: »So spricht Jahwe: Siehe, ich schaffe Neues; schon sprosst es. Merkt ihr es nicht?»(Jesaja 43,19). Gemeint ist damit nicht etwa die Illusion, dass alles wieder wie früher sein wird. In diesem Wahrnehmen der Zeit steckt ein Realismus, der das Hier und Jetzt ernst nimmt und auf eine *neue* Zukunft vertraut. Sie wird nicht wie die Vergangenheit sein; der Prophet stellt sich der Irreversibilität der Zeit.

Die Ähnlichkeiten im Wahrnehmen einer unwiderruflich vorwärts schreitenden Zeit sind nicht zufällig, ist doch die moderne Naturwissenschaft im christlichen Europa entstanden und gewachsen. Zwar ist das jüdisch-christliche Zeitverständnis keineswegs geradlinig in die Naturwissenschaften eingeflossen, es hat aber die Voraussetzungen dazu geschaffen, die Welt nicht als gegeben, sondern als in Entwicklung begriffen zu verstehen.

Die konstituierende Erfahrung des christlichen Glaubens ist die Auferstehung. Sie war für die Beteiligten nicht einfach ein Wunder unter vielen, sondern ein Ereignis, das ihre Welt irreversibel veränderte. Im Lichte von Ostern haben die ersten Christen die Welt neu verstanden. Sie fanden in Ostern ein Muster, wie Gott auch in anderen Ereignissen ähnlich wirkt. So war der auferstandene Christus immer noch gegenwärtig; er war es auch in der fernen Vergangenheit, selbst vor dem Universum, und er wird es auch in Zukunft sein. Ostern ist die zentrale Schöpfungsgeschichte des Christentums und zeigt beispielhaft, was mit Schöpfung im Heute und Jetzt gemeint ist. Diese zunächst befremdlich andere Sicht soll in diesem Kapitel dargestellt werden.

Die zwei Ebenen der Auferstehung

Auf der objektivierenden, kausal erklärenden Sprachebene können wir davon ausgehen, dass die Hinrichtung des bekannten Wundertäters Jesus von Nazareth am Tage vor dem Beginn der Passah-Feier um das Jahr 31 historisch ist, wurde sie doch von römischen und jüdischen, dem Christentum feindlich gesinnten Geschichtsschreibern aufgezeichnet. Von wenigen Ausnahmen abgesehen, haben aber die Einwohner Jerusalems ihr Fest wohl wie eh und je gefeiert, auch wenn uns in den Evangelien von einem leeren Grab berichtet wird. Außenstehende und unbeteiligte Zeitgenossen haben uns keine objektiv wahrgenommene und überprüfte Phänomene überliefert, welche nicht physikalisch oder medizinisch erklärbar sind. Für das leere Grab gab es sogar eine kausale Interpretation, die der Evangelist Matthäus nicht akzeptierte, aber überlieferte: Leichendiebstahl. Das eigentliche Ereignis blieb im Verborgenen; Donner und Erdbeben wurden wahrscheinlich erst später in den Zusammenhang gebracht. Äußerlich war das Ostergeschehen so unspektakulär, dass die frühe Christengemeinde bezeugte: Der Messias war da, aber die Welt hat ihn nicht erkannt (Johannes 1,9). Allerdings zeigte sich bald eine auch für Pharisäer und Römer unübersehbare *Folge* von Ostern: die unvorstellbar dynamische Urgemeinde. Sie ist soziologisch im Nachhinein vielleicht verständlich, war aber kaum vorauszusehen. Sie war sicher nicht bezweckt oder geplant, sondern für die damalige Welt etwas Neues, das sich spontan ereignete.

Je näher aber Menschen am Geschehen beteiligt waren, desto mehr wurden sie betroffen. Der auferstandene Jesus, eine neue Welt, erschien ihnen auf dieser Erde. Ich stelle mir vor, dass sie diese Erfahrungen nicht unbeteiligt und objektiv zur Kenntnis nahmen, sondern persönlich und emotionell stark darauf reagierten, wie das eben bei einer religiösen Wahrnehmung der Fall ist. Interessanterweise liest man in 1 Korinther 15,7, dass der Auferstandene neben den Jüngern und ehemaligen Anhängerinnen und Anhängern auch einem erklärten Gegner, dem späteren Paulus, erschienen ist. Diese Schlüsselereignisse konnten die Betroffenen nur durch neue religiöse Begriffe fassen. Wahrgenommen, erfahren und erklärt haben sie die Geschehnisse auf der Ebene des teilnehmenden Glaubens, wie im folgenden Unterkapitel erläutert wird.

Gottesvorstellungen

Die Urchristen haben die Auferstehung weder als göttliche Korrektur eines menschlichen Justizmordes noch als Happyend eines tragischen Schicksals, vielmehr als Anbruch einer neuen Zeit verstanden.[45] Nicht das Alte wurde wiederhergestellt, eine neue, zukünftige Form von Leben erschien ihnen, die das Alte jedoch mit einschloss. So wird berichtet, der neue Leib des Auferstandenen habe noch die Verletzungen der Kreuzigung getragen (Johannes 20,25). Der Tod und die Katastrophe von Karfreitag werden in den Evangelien durchweg als real geschildert. Das Neue wirkte derart überraschend, dass es die Urchristen nur erklären konnten als spontane Schöpfungstat Gottes, von dem sie aus ihrer Tradition wussten, dass er »so sein wird, wie er sein wird« (Exodus 3,14).

Die Erzählung von Karfreitag und Ostern enthält den merkwürdigen Gedanken, dass Gott an dieser Welt mitleidet. Selbst wenn auf grausamste Weise ein Mensch zu Tode gefoltert wird, ist Gott da. Der am Kreuz hängende Jesus bezeugt das auf ergreifende Weise mit dem Psalmwort: »Mein Gott, mein Gott, warum hast du mich verlassen?« (Matthäus 27,46; Psalm 22,2). Jesus drückt darin gerade nicht Gottverlassenheit aus, wie das missverstanden werden könnte, sondern zitiert den Anfang jenes Psalms, der von der Klage ausgehend als

[45] Paulus betont die Verschränkung von Vergangenheit, Gegenwart und Zukunft im Osterereignis. Das Zukünftige ist an Ostern in der noch vom Alten dominierten Gegenwart bereits angebrochen (vgl. S. Vollenweider, *Theologische Zeitschrift* 44, 1988, S. 97).

Lobpsalm endet. Der Schluss des Psalms, den jeder fromme Jude kannte, prophezeit, noch die kommenden Generationen würden Gott für seine teilnehmende Gerechtigkeit loben. Es gibt in der christlichen Theologie auch heute noch das alte Denkmuster des am Kreuze sterbenden Gottes.[46] Offensichtlich wird Gott hier nicht als unpersönliche Macht vorgestellt, die aus großer Distanz und jenseits aller Leiden nur das große Ziel der Evolution im Auge hätte. Gottes Nähe, selbst im Leiden und Sterben, ist gerade auch ein Hauptpunkt der Botschaft Jesu.[47] Das Kreuzsymbol der frühen Kirche macht deutlich, dass Karfreitag und Ostern ein Ganzes bilden und die Leiden durch den Osterjubel und die Jenseitshoffnungen nicht verdrängt werden sollen.

Wenn bisher vom souverän handelnden Schöpfergott gesprochen wurde, begegnet uns nun in Jesu Tod am Kreuz eine ganz andere Vorstellung von Gott. Bestimmt hat im Blick auf die modernen Naturwissenschaften jenes Verständnis eines Gottes gründlich ausgedient, der mit Feuer und Blitz daherdonnert oder als absolutistischer Monarch die Welt willkürlich beherrscht. Neues entsteht oft im Verborgenen und ist zunächst verletzlich wie ein neugeborenes Kind. In Kapitel 1.6 wurde dargelegt, wie die naturwissenschaftlich erklärbare Welt auf der Sprachebene des christlichen Schöpfungsglaubens wahrgenommen werden kann. In dieser Sicht besteht das Universum nur durch Gottes freien Willen, wenn auch dieser Wille subtil im Hintergrund und nicht direkt nachweisbar bleibt. Gottes Allmacht blieb dabei unbestritten. Was uns an Karfreitag begegnet, ist hingegen Ohnmacht und Niedrigkeit. Diese Spannweite von Gottesvorstellungen in Einklang zu bringen, beschäftigt Christen seit zweitausend Jahren. Zweifellos können die Gegensätze und Widersprüche nicht

[46] In der neueren Literatur z. B. J. Moltmann, *Der gekreuzigte Gott*, München 1972.

[47] Eines der zentralen Themen in Jesu Verkündigung ist die väterliche Nähe Gottes, vgl. z. B. G. Ebeling, *Das Wesen des christlichen Glaubens*, Tübingen 1959, S. 49.

völlig eingeebnet werden. Sie scheinen mir aber kein Grund zu sein, diese Vorstellungen abzulehnen. Im Gegenteil, auch die physikalisch wahrnehmbare Wirklichkeit steckt voller Widersprüche und Spannungen, wie in Kapitel 2.2 dargestellt wurde. Wie könnte das anders sein mit der Vorstellung von Gott?[48]

Teilnehmender Glaube

Die beiden Sprachebenen von Objektivität und Partizipation, die naturwissenschaftlich-historische Vernunft und der Glaube, lassen sich heute so wenig vereinen wie vor zweitausend Jahren. Bereits Paulus musste das in Athen erfahren. »Als sie aber von der Auferstehung der Toten hörten, spotteten die einen, die anderen sagten: Wir wollen dich darüber ein andres Mal hören« (Apostelgeschichte 17,32). Da sich die historischen Fakten von Ostern nicht rekonstruieren lassen und somit das objektiv wahrnehmbare Geschehen spekulativ bleibt, kann man heute ebenso wenig wie damals die beiden Ebenen einander näherbringen. Die Auferstehung bleibt für uns wie auch schon für die Athener eine sperrige Erfahrung der partizipierenden Wahrnehmung einer kleinen Gruppe am Rande des römischen Reiches. Es ist faszinierend, zu beobachten, welche Dynamik diese Erfahrung entwickelte und wie ihre Kunde sich innerhalb einer Generation im ganzen römischen Reich und später über die ganze Welt verbreitete. Der Grund für diese Resonanz in jener an Mirakeln reichen Zeit war nicht das Wunderbare am Karfreitag-Ostern-Geschehen, sondern das Beispielhafte: Das Beispiel lässt hoffen, dass in anderen Krisen Ähnliches geschehen wird.

Karfreitag-Ostern wurde für Christen zum neuen Grundmuster des Lebens, zum Paradigma, mit dem sie die Welt neu

[48] Augustinus (354–430) bemerkte zur Logik von Gottesvorstellungen: »Si comprehendis non est deus« (Wenn du es verstehst, ist es nicht Gott).

entdeckten. Die alten Grundgegebenheiten des Lebens umgaben sie nach wie vor, und die gleichen Nöte plagten sie, aber sie nahmen darin eine weitere, tiefere Dimension wahr. Selbst wenn das Gegenwärtige zerfallen wird und keine glückliche Lösung mehr möglich scheint, ist noch nicht alles verloren. Gott kann etwas völlig Neues schaffen, das die kühnsten Erwartungen weit übertrifft. Das gilt sowohl für das eigene Leben, dessen Tod bevorsteht, wie auch für Katastrophen, welche die ganze Menschheit betreffen. Diese Erwartung wird sich vielleicht nicht erfüllen oder nicht so wie gewünscht. Das Neue ist kein Automatismus, der Gottes freies Handeln zum kausalen Geschehen machen würde. Die Zukunft bleibt offen und ein Risiko. Christen schöpfen aus der Karfreitag-Ostern-Erfahrung jedoch die Hoffnung, dass der Tod nicht das letzte Wort sein wird, so wenig wie Karfreitag der Schlusspunkt war.

Der Kern der Ostergeschichte ist eine Anrede an eine aufmerksame Zuhörerschaft, auch an Menschen von heute. Sie werden auf eine weitere Dimension der Wirklichkeit in der Entwicklung des Universums, der Erde und des Lebens aufmerksam gemacht. Im vertrauenden Glauben an Gottes Mitleiden und Handeln an Karfreitag und Ostern sehen Christen die Welt mit neuen Augen. Im Leiden der Evolution und des Todes kann ein von diesem Glauben geprägter Mensch das karfreitägliche Mitleiden Gottes wahrnehmen. Im überwältigenden Neuen begegnet ihm etwas Analoges zum österlichen Schöpfungshandeln. Das Neue wie das Zerfallende, Geburt und Tod werden transparent für das Göttliche. Diese Transparenz vermittelt keine neuen kausalen Erklärungen oder naturwissenschaftlich noch nicht erfasste Fakten. Vielmehr werden die so Wahrnehmenden in eine neue und persönliche Beziehung zur Welt gesetzt.

Theologen könnten mit Recht einwenden, dass bisher nur *ein* Aspekt der Ereignisse um Karfreitag und Ostern betrachtet wurde. Doch soll hier keine vollständige theologische Deutung versucht werden. Es geht erstens darum, das Beispielhafte des Geschehens für unsere Zeit verstehbar zu machen. Das einmalige Ereignis von Ostern wird nicht abgewertet, wenn ein Vater in der Geburt seines Kindes ein österliches Wunder erblickt. Darüber hinaus soll zweitens das Neue von Ostern neben naturwissenschaftliche Entstehungsmuster gestellt werden. Die naturwissenschaftlichen Fakten werden so ins Verhältnis zu Glaubensinhalten auf der religiösen Ebene gesetzt. Die im Christentum zentrale Schöpfungsgeschichte von Karfreitag und Ostern taucht auch die düstersten Kapitel der Evolution in neues Licht. Biologie und Glaube begegnen sich.

Es muss schließlich betont werden, dass das Karfreitag-Ostern-Schema nicht ein übliches Paradigma ist, das als einfaches Modell einen komplizierten Sachverhalt erläutert. Das ursprüngliche Geschehen war vielmehr eine Quelle für Interpretationen und Anregungen im Laufe der vergangenen zwei Jahrtausende. Auf die Bedeutung für die christliche Hoffnung wird in Kapitel 4.5 noch weiter einzugehen sein. Die Sicht von Ostern als Schöpfungstat Gottes verlangt Anteilnahme und ist letztlich nur als Offenbarung zu begreifen. Ostern lädt uns nicht ein zum naturwissenschaftlichen oder historischen Verstehen, sondern zum Teilhaben. Die Urchristen haben das mit einem Fest am ersten Tag jeder Woche gefeiert und so verwirklicht.

These

Das Universum hat eine faszinierende Geschichte. Es ist die Entstehung von Ordnung aus Chaos, vom überraschenden Auftauchen des Neuen als umwälzende Strukturierung des Bestehenden. Das Neue entsteht nicht aus dem Nichts, sondern aus bestehendem Material, dessen Struktur am Zerfallen ist. Auf einer anderen Wahrnehmungsebene und wenn sich jemand davon ansprechen lässt, wird im Osterereignis ebenfalls etwas zunächst Rätselhaftes und überwältigendes Neues erfahren, das mitten in der zerbrochenen Welt der Jüngerschar entstand.

Karfreitag und Ostern revolutionieren die traditionellen Vorstellungen von Gott. Er wird als Mitleidender am Zerfall erkannt und gleichzeitig als Schöpfer neuer Form und Ordnung. Das Geschehen wird hier als beispielhaft verstanden, als Muster, in dessen Licht die Entwicklung des Universums in Vergangenheit und Zukunft zur Schöpfungsgeschichte wird. Damit werden jene Ereignisse zum Schlüssel der christlichen Interpretation des Universums. Nimmt man die naturwissenschaftlich erfassbare Entwicklung durch die Linse von Karfreitag und Ostern wahr, wird sie zur Schöpfung. Das Universum gewinnt eine neue Dimension: die Hoffnung.

Diese These lässt sich nicht beweisen wie ein mathematischer Satz. Die Beispiele der Entwicklung des Universums von seinem Anfang bis zum menschlichen Bewusstsein rufen nicht zwingend nach religiösen Fragen oder Antworten. Die Wirklichkeit, die dabei zum Vorschein kommt, kann aber als Bild dienen, das Wahrnehmungen auf der ganz anderen Ebene begreiflich macht, in der persönliche Beziehungen und der Glaube wichtig sind. Der nun folgende, letzte Teil soll die These verdeutlichen und am Beispiel der Hoffnung auf zukünftige Entwicklungen ausführen.

4. Teil

Zukunft

Zukunftsgefühle

Bei einer langfristigen Studie von neuen Teleskopen im Weltraum bin ich kürzlich auf die Jahreszahl 2030 gestoßen. Ich versuchte mir vorzustellen, wie dann unsere Welt aussehen wird. Als Ausgangspunkt nahm ich die heutige Astronomie und die gegenwärtig sichtbaren Veränderungen. Zunächst überlegte ich, welche Projekte dann abgeschlossen, welche Probleme gelöst und welche Arbeiten erledigt sein werden. Wie könnte sich die Gesellschaft entwickeln, welche die Forschung im Jahre 2030 finanziell zu tragen hätte? Was wäre die positivste Entwicklung, ausgehend von den heutigen Tendenzen? Was könnte ich dazu beitragen, und was würde sich lohnen? Die neuen Projekte und Ziele belebten meine Fantasie. Indem ich mich bewusst auf die bestmögliche Zukunft konzentrierte, spürte ich eine körperliche Veränderung in mir. Mein Körper entspannte sich, die Atmung war tief und ruhig, und ich fühlte Sicherheit und freudige Erwartung. Das währte allerdings nur so lange, bis ich mich daran machte, die Grenze auf der negativen Seite abzustecken: Wo könnten Probleme auftauchen? Was wäre noch möglich, wenn sich gewisse Zerfallserscheinungen der Gesellschaft weiter verstärkten? Welche katastrophalen Ereignisse wie Seuchen, politische Umwälzungen, Kriege und wirtschaftliche Zusammenbrüche könnten in den kommenden Jahrzehnten eintreten? Und schließlich, was wird mir persönlich zustoßen an Krankheit, Schmerzen oder Tod? In Sekunden änderte sich nicht nur mein psychisches Befinden, auch körperlich spürte ich eine Veränderung. Anscheinend wurde in diesem Augenblick ein Botenstoff ins Blut ausgeschüttet, der Atmung, Kreislauf und Muskulatur in einen anderen Zustand versetzte. Ich habe seither das Experiment einige Male wiederholt; es ist mir bei genügend Konzentration immer gelungen.

Die Zukunft löst in uns Gefühle aus. Die freudige Erwartung von etwas anderem oder Neuem kann unsere Tätigkeiten beflügeln. Ein begeisterndes Ziel kann Schwung geben, der wiederum begeistert und sich auf diese Weise selber verstärkt. Im Gegensatz dazu behindert und lähmt die Angst. Sie ist das Gefühl, das sich mit der Vorstellung künftiger Übel einstellt. Ein bisher unbekannter Krankheitserreger kann zum Beispiel in der Öffentlichkeit eine allgemeine Angstwelle auslösen. Obwohl er vielleicht noch kein Prozent der Todesfälle der jährlichen Verkehrsopfer gefordert hat, sehen wir dann das Bild einer Entwicklung vor uns, die ins Uferlose anwächst und bald die halbe Menschheit hinraffen wird. Beide Zukunftsgefühle, Begeisterung und Angst, haben weniger mit der Zukunft selber zu tun als mit dem Bild, das wir uns von ihr machen.

Aus der Sicht der Entwicklungsbiologie lässt sich spekulieren, dass Menschen dank bestimmter Gefühle mehr Überlebenschancen hatten und daher Gefühle ein Selektionskriterium unserer Spezies sind. Bedrängt mich die Zukunft, stelle ich zwar an mir Gefühle fest, die das rationale Entscheiden nur allzu häufig behindern. Menschen, die infolge von Hirnverletzungen in ihrem Gefühlsleben gestört sind, finden es jedoch oft schwierig, sich rational zu entscheiden und diese Entscheidungen im Leben umzusetzen.[49] Der Verstand allein genügt nicht, um in unserer Gesellschaft zu überleben. Gefühle ersetzen nicht nur fehlende Information und Logik, ohne Zukunftsgefühle werden die als richtig erkannten Lösungen im Leben nicht verwirklicht.

Durch Gefühle, aber auch durch unsere Erwartungen, Pläne und Ziele ist die Zukunft bereits in der Gegenwart präsent. Der Mensch ist nicht nur durch seine Vergangenheit geprägt, auch die Zukunft bestimmt seine Gegenwart und seine Existenz.

[49] Anschaulich schauerliche Beispiele berichtet A. R. Damasio, *Descartes' Error: Emotion, Reason and the Human Brain*, New York 1994.

Das auf ihn Zukommende verlangt gebieterisch Platz in seinem Herzen und seinem Kopf und lässt sich, sei es noch so ferne, nicht beiseite schieben. Es ist besser, diese Gefühle wahrzunehmen als zu verdrängen, sonst tauchen sie vielleicht unerwartet um so heftiger auf und verleiten uns zu falschem Verhalten. Die beste Überlebensstrategie im Hinblick auf die Zukunft ist ein ausgewogenes Verhältnis von Gefühl und Verstand.

In diesem letzten Teil wird dargestellt, wie auch die Frage nach der Zukunft letztlich auf Wahrnehmungen beruht, sowohl auf naturwissenschaftlichen Erkenntnissen wie auch auf Evidenzerlebnissen, in denen sich das Subjekt in ein umfassendes Geschehen einfügt.

Die Zukunft ist offen

Im Kapitel 1.2 haben wir aus der Vergangenheit des Universums, die immer wieder zu überraschenden neuen Strukturen und unerwarteten neuen Dimensionen führte, auf eine Offenheit der kosmischen Entwicklung geschlossen. Wie ist das möglich, läuft sie doch nach naturwissenschaftlichen Gesetzen ab? Eine offene Zukunft würde bedeuten, dass sie gegenwärtig noch nicht festgelegt ist und erst später entschieden wird. Ob diese Offenheit grundsätzlicher Art ist oder nur zwingend aus den immer irgendwie eingeschränkten Beobachtungsmöglichkeiten folgt, ist in der Praxis gleichbedeutend. Dass die Geschichte der Menschheit infolge der menschlichen Freiheit eine offene Zukunft hat, ist leichter einsichtig als die offene Zukunft des Universums. Freiheit ist ein Begriff der Anthropologie, kein Thema der Physik. Wenn Offenheit als Attribut der Materie verwendet wird, löst das Verdacht auf anthropozentrische Projektion aus. Ist ein physikalisches Objekt, wie zum Beispiel ein Elektron, nicht vielmehr dem Gegenteil, dem Zwang, unterworfen? Dem Zwang entsprechen in der Physik die Gesetzmäßigkeiten der Kausalität, die sich durch Differentialgleichungen oder Symmetrien mathematisch exakt darstellen lassen. Solche Gleichungen sind streng deterministisch: Bei gegebenen Anfangsbedingungen ist die Zukunft vorausbestimmt. Im zwanzigsten Jahrhundert ist aber das deterministische, mechanistische Weltbild der Physik durch zwei Begriffe durchbrochen und erweitert worden. Mit der Quantenmechanik kam der *Zufall* hinzu, mit der nichtlinearen Dynamik das *Chaos*. Im neuen Weltbild ist daher die Zukunft innerhalb eines gewissen Rahmens unbestimmt. Den materiellen Grundlagen solcher Offenheit soll in diesem Kapitel nachgegangen werden.

Der Zufall ist Teil der Physik

Wie in Kapitel 2.2 erklärt, geschieht der quantenmechanische Zufall bei der Messung. Der Beobachter findet das Elektron an einem zufälligen Ort. Vor der Messung war der Ort des Elektrons unscharf und nur durch eine Wahrscheinlichkeitsangabe bekannt. Nach der Messung weiß man zwar seinen Ort, aber der Impuls – Geschwindigkeit mal Masse – ist nicht bekannt. Die Quantenmechanik stellt zwischen den Unschärfen im Ort und Impuls eine Beziehung her: Ihr Produkt muss größer als die Planck'sche Konstante sein. Die Unschärfe lässt die duale Natur der Materie erkennen, in der Teilchen auch Wellen sind. Man stelle sich das Elektron als eine wolkenartige Verteilung im Raum vor. Schlägt diese Wahrscheinlichkeitswolke nun auf den Leuchtschirm eines Detektors auf, entsteht an einem bestimmten Ort ein Lichtblitz. An diesem Ort ist das Elektron als Teilchen manifest geworden. Der Aufschlagsort ist im Voraus durch kein Gesetz zu berechnen und nur durch eine Wahrscheinlichkeit anzugeben. Der Grund dafür ist nach der Kopenhagener Deutung der Quantenwelt, dass das Teilchen erst im Moment der Messung Gestalt angenommen hat. Der Zufall ist ein Teil der physikalischen Wirklichkeit.

Es kann nicht verwundern, dass es der neue Begriff des Zufalls neben dem Grundpostulat der Physik, der Kausalität, zunächst nicht leicht hatte. Vor allem Albert Einstein äußerte den Verdacht, die Zufälligkeit sei nur scheinbar, weil uns die verursachenden Parameter noch nicht bekannt seien. Es dauerte mehr als ein halbes Jahrhundert, bis Experimente[50] nahelegten, dass es sich dabei wirklich um Zufall handelt und es keine kausale Erklärung geben kann.

Der physikalische Begriff Zufall meint nun aber nicht Beliebigkeit. Bei den quantenmechanischen Zufällen gilt das »Gesetz der großen Zahl«. Man kann dieses Gesetz leicht beim

[50] John Bell leitete eine Ungleichung her, die bei verborgenen Parametern gelten müsste. Verschiedene Experimente in den 1980er Jahren zeigten, dass diese Ungleichung gebrochen wird und daher die Unschärfe genuin ist.

Würfeln nachprüfen. Bei einem Wurf ist das Resultat zwischen 1 und 6 gleich wahrscheinlich. Nun würfeln wir tausendmal und addieren die Zahlen. Das Resultat wird mit großer Wahrscheinlichkeit bei etwa 3 500 liegen, dem Tausendfachen des Durchschnittswertes. In neunzig Prozent der Fälle erhält man einen Wert im Intervall von plus oder minus 90 des Durchschnittswerts; die Schätzung von 3 500 ist also auf zweieinhalb Prozent genau. Natürlich ist auch die minimale Summe von 1 000 möglich, wenn nur Einer gewürfelt werden. Doch tritt dieser Fall durchschnittlich nur einmal in 10^{778} Versuchen auf und kann praktisch ausgeschlossen werden. Bei hunderttausend Würfen liefert der Durchschnittswert eine Schätzung, die meistens nur noch einen Fehler von weniger als 0,25 Prozent ergibt. Das Beispiel zeigt, wie der Zufall an »Zufälligkeit« verlieren kann.

Auf die Gesetzmäßigkeit des Zufalls baut ein großer Teil der modernen Elektronik. Ob zum Beispiel ein einzelnes Elektron eine Tunneldiode durchquert, ist reiner Zufall. Bei diesem Vorgang durchschlägt ein Teilchen eine Potentialbarriere, die es nach dem strengen Energiesatz nicht überschreiten dürfte. Das Potential ist wie ein Wall, auf den eine Kugel zurollt. Hat sie nicht genügend Geschwindigkeit, das Hindernis zu überqueren, rollt sie ein Stück den Wall hinauf und dann wieder zurück. In der Quantenmechanik ist dies anders. Zwar werden die meisten Teilchen ebenfalls reflektiert. Im Durchschnitt wird jedoch ein bestimmter Prozentsatz auf der Gegenseite auftauchen, weil die Energie und der Ort unscharf sind. Ob ein bestimmtes Elektron das Potential durchtunneln wird, ist im Voraus nicht bekannt. Stehen aber viele Versuche zur Verfügung, lässt sich wie beim Würfeln innerhalb einer sehr kleinen Streubreite angeben, wie viele Teilchen hindurchgehen werden. Moderne Computer enthalten Tunneldioden, die auf diesem Zufallsprozess aufbauen, und liefern zuverlässige Resultate. Der Zufall der Quantenwelt wird zum berechenbaren Gesetz der makroskopischen Welt.

Liegt hingegen nur ein einzelnes Quantenereignis vor, zum Beispiel der Einschlag eines kosmischen Hochenergieteilchens in ein Gen, ist sein Ort im wahren Sinne des Wortes zufällig und ohne kausale Erklärung.

An dieser Stelle ist eine Zwischenbemerkung zur Thematik Zufall und Gott angebracht. Die biblischen Berichte nennen immer einen bestimmten Grund für das Eingreifen Gottes, zum Beispiel seine Fürsorge oder seinen Groll gegenüber einem Volk oder einem einzelnen Menschen. Dieses Handeln wird als Verwirklichung eines Heilsplanes, nicht als blinder Zufall begriffen. Das geschichtliche Eingreifen Gottes setzen jüdische und christliche Denker bewusst der Schicksalsgläubigkeit der antiken Umwelt entgegen: Weder das Fatum noch der blinde Zufall bestimmen, sondern eine weise Vorsehung. Auf der *religiösen Sprachebene* könnte Gott eher als der Grund bezeichnet werden, warum immer wieder Zufall möglich ist. Dann sind sowohl Gesetz wie Zufall Abglanz seiner Schöpfungstätigkeit; durch beide erhält und entwickelt sich unsere Welt. Besser als mit dem Zufall kann ich mir Gott zusammen mit der Zeit denken, welche durch ihre fortschreitende, irreversible Art die Wirklichkeit aus der Quantenwelt hervorbringt.

Chaos begrenzt unser Wissen

Im neuen Weltbild der Naturwissenschaft, insbesondere in der Astrophysik, steht die Zeit im Zentrum. So ist es nicht verwunderlich, dass die Physik unter dem Begriff »Chaos« neuerdings einen *Vorgang* versteht. Das zeigt schon an, dass damit nicht das gemeint sein kann, was in alttestamentlichen und altgriechischen Kosmogonien einen mythischen Urzustand oder Urstoff bezeichnet, aus dem die Welt durch die Tätigkeit eines Schöpfers oder von selbst zum geordneten Kosmos gebildet wurde. Dieser ursprünglichen Bedeutung näher ist eine andere Verwendung des Wortes Chaos für thermische

Bewegungen von Molekülen oder Dichteschwankungen in Gasen[51], woraus sich, wie bereits erwähnt, Ordnung durch Selbstorganisation bilden kann. Auf der mikroskopischen Ebene entpuppte sich dieser ältere physikalische Chaosbegriff, der chaotische Zustand, jedoch als ein Brodeln unermesslich vieler Teilchen, die mit immer neuen Wechselwirkungen und abgelenkt durch Stöße ihre chaotischen Bahnen ziehen.

Einen physikalischen Prozess nennt man chaotisch, wenn sein Verlauf langfristig nicht prognostizierbar ist. Wie schon oft bezeichnete man einen genau definierten Sachverhalt mit einem bereits bestehenden Wort, das nur als Chiffre dient. Trotzdem verdient dieser neue physikalische Begriff allgemeine Beachtung. Das Wort Chaos beinhaltet neu eine Erkenntnis, welche das Selbstverständnis der Physik in der zweiten Hälfte des zwanzigsten Jahrhunderts am stärksten verändert und revolutioniert hat.

Physikalische Prozesse werden normalerweise mit Gleichungen dargestellt, die das Verhalten eines Systems in der Zeit beschreiben. Ein solches Verhalten nennt man daher deterministisch. Kennt man den jetzigen Ort und die Geschwindigkeit, so ist die Bahn für alle Zukunft und Vergangenheit bekannt. Diese Gleichungen können einfach sein, wie etwa beim Umlauf eines einzelnen Planeten um die Sonne. Die kleinen Ungenauigkeiten der heute bekannten Werte wachsen zwar an, je weiter hinaus in Zukunft oder Vergangenheit der Systemzustand berechnet wird. Zum Beispiel führt eine ungenaue Geschwindigkeit natürlich dazu, dass wir auch die Position immer weniger genau kennen. Doch wächst diese Ungenauigkeit nur linear mit der Zeit an: Nach doppelter Zeit wird sie doppelt so groß.

[51] Das Wort »Gas« für luftartige Stoffe ist eine Neuschöpfung des belgischen Chemikers J. B. v. Helmont (1577–1644) aus dem griechischen Wort *cháos*. In der flämischen Aussprache wird das »G« als stimmhaftes »Ch« ausgesprochen.

Überraschenderweise stimmt das nicht mehr, wenn mehrere Planeten um die Sonne kreisen und auch miteinander wechselwirken. Kleine Ungenauigkeiten wachsen dann nicht linear mit der Zeit an, sondern nichtlinear, meistens exponentiell. Nach einigen exponentiellen Anwachszeiten wächst der Voraussagefehler so schnell, dass keine Prognosen mehr möglich sind, wo sich ein Planet befinden wird. Dieses Verhalten nennt man *deterministisch chaotisch.* Der mathematische Grund liegt einzig in der größeren Zahl der Gleichungen und der gegenseitigen Kopplung der Parameter. Sie bewirken, dass die Bahnen eines Systems stark divergieren. Betrachtet man zum Beispiel zwei interplanetare Raumsonden mit leicht verschiedener Geschwindigkeit und in unmittelbarer Nachbarschaft, so werden sie nach genügend langer Zeit an ganz verschiedenen Orten im Sonnensystem zu finden sein.

Selbst die Bahn der Erde um die Sonne, früher als Musterbeispiel einer unveränderlichen Bewegung betrachtet, ist chaotisch. Auch wenn die Position heute auf 15 Meter genau bekannt ist, lässt sich nicht berechnen, wo sich die Erde in 100 Millionen Jahren auf ihrer jährlichen Umlaufbahn um die Sonne befinden wird. Kleine Störungen durch die anderen Planeten schaukeln die Ungenauigkeit allmählich so weit auf, dass sie nach dieser Zeit so groß wird wie die Erdbahn. Das bedeutet, dass man zum Beispiel nicht mehr voraussagen kann, zu welchem Zeitpunkt Sommer oder Winter sein wird. Das scheint zunächst kein grundsätzliches Problem zu sein, denn man könnte ja vorschlagen, die Position der Erde einfach etwas genauer zu messen und damit die Voraussagezeit zu verlängern. Wie genau aber müsste man die Position der Erde kennen, damit die völlige Unkenntnis erst in 200 Millionen Jahren eintrifft? Antwort: Der heutige Ort des Erdmittelpunktes müsste nicht auf die Hälfte, also 7,5 Meter, wie im linearen Fall, sondern auf ein –ngstrom (10^{-10} Meter), etwa einen Atomdurchmesser genau bekannt sein. Das ist der Unterschied zwischen einem linearen System, in dem der Fehler linear – das heißt proportional zur Zeit – zunimmt, und einem chaotischen System, in dem der Fehler exponentiell wächst.

Unsere Unfähigkeit, exakte Prognosen zu stellen, ist nicht einfach ein Problem, das ein guter Ingenieur durch größere Computer oder bessere Messgenauigkeit lösen könnte. Es liegt in den mathematischen Eigenschaften der physikalischen Gleichungen. Auf der mathematischen Stufe gibt es grundsätzliche Unterschiede zwischen einfachen (linearen) und chaotischen Systemen. Die Gleichungen für die Umlaufbahnen dreier sich anziehender Himmelskörper sind bereits so komplex, dass sie nicht lösbar sind. Nicht weil der mathematische Ansatz bisher falsch oder die Mathematik der Differentialgleichungen zu wenig entwickelt wäre! Der französische Mathematiker Henri Poincaré hat bereits im 19. Jahrhundert bewiesen, dass es keine allgemein gültigen, exakten Lösungen geben kann. Die Schwierigkeiten wachsen weiter mit der Zahl der Körper und der Komplexität der Theorie. Allerdings lassen sich annähernd genaue numerische Rechnungen auch bei einem chaotischen System machen, solange die Voraussagezeit kleiner ist als die exponentielle Zuwachszeit des Fehlers. Für die Erdbahn sind dies 4 Millionen Jahre. Dann vergrößert jede Verdoppelung der Voraussagezeit den Fehler um einen Faktor 7,4 und eine Verzwanzigfachung der Voraussagezeit um einen Faktor von fünfhundert Millionen. Um diesen Faktor müsste die Anfangsgenauigkeit verbessert werden, damit der Fehler gleich bliebe. Gegen den Exponenten, der immer unermesslichere Anfangsgenauigkeiten erfordern würde, kämpft man bei längeren Voraussagen auf verlorenem Posten. Obwohl das System deterministisch ist, müssen wir eingestehen, dass seine Entwicklung *de facto* unvorhersehbar ist.

Erstaunlich bei der chaotischen Natur der Erdbahn ist, wie wenig wir davon spüren. Seit 4,6 Milliarden Jahren hat sich die Bahn zwar chaotisch, aber nicht wesentlich verändert. Sie ist bei ungefähr gleichem Sonnenabstand immer nur schwach elliptisch geblieben. Das ist bei gewissen Planetoiden zwischen Mars und Jupiter nicht so. Der amerikanische Astronom Daniel Kirkwood hat bereits 1867 festgestellt, dass die Planetoidenbahnen nicht ganz zufällig sind. Im 2,5fachen Bahnradius der Erde kreisen auffallend wenige Planetoiden. Bei diesem Abstand beträgt die Umlaufsperiode genau ein Drittel jener des Jupiters, des mächtigsten Planeten; wenn Jupiter einen Umlauf beendet, hätte ein Planetoid genau dreimal die Sonne umkreist. Ähnliche Lücken fand Kirkwood auch bei den Verhältnissen 2:1, 4:1 und 5:2. Man nennt diese ganzzahligen Verhältnisse Resonanzen. Erst die Chaostheorie hat dafür eine Erklärung gefunden. Jack Wisdom hat als Doktorand am California Institute of Technology 1981 die Bahnen von Planetoiden mit diesen Resonanzeigenschaften auf einem Großcomputer durchgerechnet. Er konnte zeigen, dass ihre Bahnen infolge der gleichzeitigen Anziehung durch Jupiter und Sonne chaotisch sind und sich stark und unvorhersehbar ändern. Chaotische Bahnen in Resonanz sind besonders günstig zum Übertragen von Impuls und Energie zwischen Planet und Planetoid. Wisdom fand, dass die resonanten Bahnen ab und zu stark elliptisch werden und dann jene der nächstinneren Planeten, insbesondere des Mars und – seltener – der Erde, kreuzen. Dabei kann es vorkommen, dass der resonante Planetoid auf einem dieser Planeten aufschlägt oder so von ihm abgelenkt wird, dass er im interstellaren Raum verloren geht. Resonante Planetoiden sind daher selten geworden und fehlen in der Statistik. Das erklärt Kirkwoods Lücken.

Der Einschlag eines Planetoiden auf der Erde wäre eine der größten denkbaren Naturkatastrophen. Die 3:1 Lücke ist noch nicht ganz leer. Mindestens zwei größere Planetoiden, Alina und Quetzalcoatl, sind in Resonanz mit Jupiter. Wahrscheinlich gilt das auch für den Planetoiden 1989AC, der sich auf seiner stark elliptischen Bahn im Jahre 2004 der Erde auf anderthalb Millionen Kilometer nähern wird, dem Vierfachen der Distanz zum Mond. Chaos im Sonnensystem bedeutet, dass man nicht über Jahrtausende hinaus berechnen kann, welcher Planetoid nun wirklich als nächster die Erde treffen wird.

Ein bekanntes chaotisches System ist das Wetter. Auch hier ist es wieder die Vielzahl der Gleichungen verschiedener Luftmassen, die miteinander wechselwirken, was langfristige Prognosen verunmöglicht. Wir werden das Wetter nie ein Jahr im Voraus kennen, obwohl die wichtigsten Prozesse in der Erdatmosphäre gut bekannt sind. Im Grunde sind fast alle Vorgänge im Universum chaotisch, insbesondere Systeme, die nicht im Gleichgewicht sind. Die einzigen Ausnahmen sind Anordnungen, die speziell einfach sind oder gemacht werden, wie das klassische Schwingpendel im Schulversuch, ein einzelnes Teilchen in einem Beschleuniger oder eine mechanische Maschine. Man kann von keinem komplexen System, wie sie häufig in der Natur vorkommen, den exakten Zustand auf lange Sicht voraussagen. Doch herrscht das Chaos nicht uneingeschränkt; gewisse Prognosen sind durchaus möglich. In abgeschlossenen chaotischen Systemen gelten nach wie vor die Erhaltungssätze wie zum Beispiel die Energieerhaltung. Innerhalb dieses globalen Rahmens der Erhaltungssätze kann aber das System im Prinzip jeden beliebigen Zustand annehmen, und seine Details können nicht vorausgesagt werden.

Die Einsicht in den chaotischen Charakter der Natur dämpft gewisse Erwartungen der Aufklärung. Der Kosmos bleibt zwar rational, denn ein chaotisches System ist deterministisch, auch wenn seine Rationalität mathematisch nicht vollständig aussprechbar und langfristig nicht verfügbar ist. Aber unser Bild des Universums bis hin zu den physikalischen Aspekten des menschlichen Körpers muss sich entsprechend anpassen. Im 18. Jahrhundert hatten sich Wissenschaftler den Kosmos als eine Maschine vorgestellt, deren einzelne Teile wie die Zahnräder einer Uhr gemäß ihrem einmal gegebenen Bauplan ineinandergreifen. Wenn sich ein Zahnrad um einen bestimmten Winkel dreht, rotiert ein anderes um den vorbestimmten Betrag. Dreht sich das erste Zahnrad um den doppelten Winkel, verdoppelt sich auch der Drehwinkel des zweiten Zahnrads. Dieses Weltbild war zweifellos linear.

Die gegenseitigen, nichtlinearen Wechselwirkungen, welche das heutige Bild des Universums bestimmen, passen nicht zu einer Uhr und zu einem fixen Bauplan. Das Paradigma des Uhrwerks hat als Weltbild ausgedient. Als neues Musterbeispiel könnte ein atmosphärisches Wirbelsystem dienen, das spontan aus Fluktuationen in der Erdatmosphäre entsteht und dessen Entwicklung sich nur kurzfristig voraussagen lässt. Es gibt keinen Entstehungsplan für Schönwetterlagen oder Sturmtiefs. Vielleicht hat ein Schmetterling mit den Flügeln gewackelt oder ein Mensch ein Liebeswort geflüstert. Ein kleines Windchen in einer instabilen Lage kann genügen, einen selbstverstärkenden Prozess in Gang zu bringen und das Wetter völlig zu verändern. Natürlich ist dieses Windchen nur eines von Milliarden anderen; es ist auch nur der lokale und zufällige Auslöser, nicht die Ursache der Veränderung. Ursache ist die globale instabile Wetterlage.

Die Entstehung von Sternen und Planeten, die biologische Entwicklung, die Entstehung der Menschen, die Geschichte der Zivilisationen und des Individuums, alle diese Prozesse sind mit großer Sicherheit von dieser chaotischen Art. Es wird daher nicht möglich sein, ihre langfristige Zukunft vorauszusagen.

Chaos bedeutet, dass eine kleine Verschiebung des Ursprungsortes das System auf eine andere Bahn bringen und seine ferne Zukunft tiefgreifend verändern kann. Da wir den Anfangsort nie genau wissen – auch in Anbetracht der quantenmechanischen Unschärfe –, ist die Zukunft langfristig nicht berechenbar und daher offen. Das Resultat chaotischer Vorgänge scheint uns oft zufällig, wie zum Beispiel das Würfeln veranschaulicht. Obwohl ich mir beliebig Mühe geben kann, genau gleich zu würfeln, kommt das Resultat jedesmal anders heraus. Wie kann ein deterministischer Prozess zufällig sein? Schon ganz am Anfang des Prozesses, bei der Wahl der Bahn, spielt der Zufall mit. Die Anfangsbedingungen sind allerdings nicht von fundamentaler Bedeutung, denn eine kleine Störung kann die Bahn zu jedem Augenblick minim verändern mit signifikant verschiedenem Resultat. Beim Beispiel des Würfelns bestimmen die Lage der Hand und ihre Geschwindigkeit, Form und Zusammensetzung des Würfels, aber auch die Oberfläche des Tisches das Ergebnis mit.

Entsprechend der unbestimmbaren Zukunft eines chaotischen Systems verliert sich auch seine Vergangenheit im Dunkel. Das Wetter des vergangenen Jahres ist im Detail nicht mehr zu berechnen. Weil die Gegenwart nicht völlig vorherbestimmt ist, verliert die Vergangenheit jedoch an Bedeutung. Der Anfang ist nicht mehr der diktatorische Alleinherrscher, der alles weitere festlegt.

Selbstorganisation ohne Selbst

Unter Selbstorganisation versteht man die Entwicklung eines Systems zu einer Ordnung, die unabhängig von speziellen Anfangsbedingungen ist. Der Begriff der Selbstorganisation stammt aus der Chemie, wo bei bestimmten Reaktionen ein räumliches Muster entsteht.[52] Das Prinzip der chemischen Reaktion ist mathematisch exakt beschreibbar, wenn auch die räumlichen Strukturen, entsprechend den Anfangswerten, jedes Mal ein bisschen anders resultieren. Der Begriff lässt sich leicht auf physikalische und astronomische Vorgänge mit ähnlichen Gleichungen übertragen. Als Beispiel ist in Kapitel 1.2 bereits die Sternentstehung erwähnt worden. Ähnliche

[52] Dem Konzept der Selbstorganisation zum Durchbruch verholfen haben M. Eigen und R. Winkler, *Das Spiel: Naturgesetze steuern den Zufall*, München 1975; I. Prigogine, *Vom Sein zum Werden*, München 1979, und E. Jantsch, *Die Selbstorganisation des Universums*, München 1982.

Beispiele sind Wolken am Himmel, Tiefdruckgebiete oder katalytische Reaktionen der präbiotischen Chemie. In Biologie, Soziologie oder gar Psychologie gelten die mathematischen Modelle nicht mehr exakt, und der Begriff Selbstorganisation ist dementsprechend anders zu definieren oder mehr metaphorisch zu verstehen.

Ein wichtiger Teilaspekt ist die positive Rückkopplung. Eine anfänglich kleine Struktur wird verstärkt, was wiederum weiteres Wachstum bewirkt. Selbstorganisierende Prozesse sind nichtlineare Rückkopplungsphänomene. Sie verstärken nicht alle anfänglichen Signale gleichmäßig. Meistens sind es die größten Schwankungen, die alle verfügbare Energie auf sich lenken und somit wachsen.

Sprechen wir von Selbstorganisation im Universum, wird damit dem Universum kein eigenes Selbst, keine Persönlichkeit zugebilligt. Auch nicht ein Selbst der neuen Struktur, wie das oft missverstanden wird, schafft diese Entwicklung aus sich heraus im Alleingang. Am Beispiel des entstehenden Sterns lässt sich gut ersehen, wie das »Selbst« gemeint ist. Hat sich einmal durch eine kleine Störung ein etwas dichteres Gebiet in der interstellaren Molekülwolke gebildet, zieht dieses Gebiet Gas aus der Umgebung an. Dadurch dominiert es die Anziehung in einem immer größeren Raum und verleibt sich immer mehr Masse ein. Die Triebkraft zur Entstehung der neuen Struktur stammt nur zum allerkleinsten Teil von der anfänglichen Dichteschwankung im chaotischen Material, aus dem sich das Neue bildet. Die Gravitationsenergie ist über alles Gas in der ganzen interstellaren Wolke verteilt. Das Ganze liefert die Energie für den Rückkopplungseffekt. In anderen Fällen kommt die Energie von außen, oder die Selbstorganisation wird von außen angestoßen. In keinem Fall ist ein sich selbst organisierendes System abgeschlossen. Das »Selbst« von Selbstverstärkung und Selbstorganisation meint nur, dass die Entwicklung nicht durch äußere Faktoren erzwungen und gesteuert wird.

Eine wichtige Eigenschaft sich selbst organisierender Prozesse in unserem Zusammenhang ist ihre Unabhängigkeit von den Details des Anfangszustandes. Anders als bei einer Uhr, die vom Uhrmacher am Anfang gemacht und in Gang gesetzt wird, organisiert sich die Ordnung erst im Laufe der Entwicklung. Das »Selbst« in ihrem Namen schließt auch die Unabhängigkeit von speziellen Anfangsbedingungen ein, mit der diese Vorgänge auf einen Attraktor zusteuern. So kann zum Beispiel das Gleichgewicht eines Sterns von fast beliebigen Ausgangslagen der Dichtefluktuationen im interstellaren Gas aus erreicht werden. Attraktoren sind stationäre Zustände, bei denen sich aufbauende und abbauende Prozesse die Waage halten. Obwohl das Wort Attraktor ein Ziel impliziert, das der Materie eingegeben ist und auf den das System zusteuert, sind die Detailprozesse kausal. Wie beim Zweiten Hauptsatz der Wärmelehre und bei der Diskussion der Feinabstimmung des Universums stellen wir fest, dass Zielgerichtetheit und Kausalität sich nicht ausschließen.

Offenheit und Freiheit

Die großen Veränderungen im physikalischen Weltbild im Laufe des 20. Jahrhunderts haben den Materialismus der Naturwissenschaften zutiefst erschüttert. In der früheren Vorstellung des Universums als Uhrwerk gab es keinen Platz für Offenheit. Die Zukunft schien bereits am Anfang entschieden. Das hat sich durch die Quantenmechanik und nichtlineare Dynamik geändert. Zufall und Chaos verhindern langfristige Vorhersagen. Sind Zufall und Chaos die materiellen Ursachen von Offenheit? Auf den ersten Blick scheinen sie nicht mit der Freiheit der Menschen und der Offenheit ihrer Geschichte vereinbar zu sein. Ein Elektron ist nicht frei. Auch wenn der neu entdeckte Zufall einen schroffen Gegensatz zu den herkömmlichen Differentialgleichungen bildet und sich im Einzelfall durch keine Gleichung einfangen lässt, ist die Materie nicht autonomen Entscheidungen überlassen, sondern im häufigen Wiederholungsfall durch das Gesetz der großen Zahl dieses Zufalls gebunden. Eine Vielzahl von Teilchen kann sich organisieren, aber Selbstorganisation heißt nicht Autarkie, sondern beruht im Gegenteil darauf, dass von außen Energie zugeführt und Wärme nach außen abgeführt wird. Selbstorganisation bedeutet auch nicht Beliebigkeit, denn anstelle determinierender Anfangsbedingungen steht nun ein bestimmender Endzustand, der sogenannte Attraktor, der den Prozess »zu sich hinzieht«.

Als Physiker frage ich mich, wie ich einen freien Willen haben kann und somit für meine Entscheidungen verantwortlich bin, wo doch anscheinend alle Atome meines Gehirns nach kausalen Gesetzen funktionieren. Zufall und Chaos bedeuten zwar nicht die völlige Abkehr vom Determinismus, eröffnen aber dem physikalischen Weltbild neue Dimensionen. Sind sie die gesuchten materiellen Voraussetzungen für die Freiheit? Mit dieser Frage machen wir wieder einen kühnen Sprung auf die andere Seite des Grabens. »Das Geheimnis der Freiheit ist der Mut«, stellte Perikles fest. Freiheit, Mut und Hoffnung sind geistige Werte, die unser Leben, gerade auch als Naturwissenschaftler, prägen. Sie hängen zusammen, bedingen einander und haben gemeinsam, dass sie durch die Materie allein noch nicht gegeben sind. Das ist schon daraus ersichtlich, dass zum Beispiel nicht jeder Mensch frei ist. Keiner ist es ganz, und oft muss Freiheit erkämpft werden. Sie ist in Anbetracht unserer Abhängigkeiten von der Umwelt nicht immer möglich oder wiederum in anderen Fällen ein unverdientes Gut.

Die physikalischen Grundgesetze sind extrem einfach, ihre Folgen unvorstellbar komplex. Die Vielfalt des Universums und seine Offenheit entstammen dem chaotischen Charakter dieser Folgen. Es ist faszinierend festzustellen, dass sich die Naturwissenschaften mit den neu entdeckten Eigenschaften der Materie den geistigen Werten genähert haben. Geistige

Werte basieren auf Gedanken, deren physikalische Wirklichkeit sich auch in messbaren Hirnströmen äußert. Diese wiederum beruhen auf quantenmechanischen Effekten im Bereich der Moleküle und Elementarteilchen. Wohlgemerkt, es gibt keine direkten Verbindungen, aber Ansätze von Entsprechungen sind erkennbar. Sie machen es einem Naturwissenschaftler wie mir spürbar leichter, über Offenheit und Freiheit nachzudenken.

Die Zukunft des Universums

Vor rund viertausend Jahren machten ägyptische Astronomen die ersten bekannten Voraussagen über Jahreszeiten und somit die Überschwemmungen des Nils. Ab 700 v. Chr. konnten Babylonier Mond- und Sonnenfinsternisse voraussagen. Heute werden in der Astronomie zukünftige Planetenbahnen, Bedeckungen von Doppelsternen, Ebbe und Flut, Präzession der Erde, Flugbahnen von Sonden und vieles mehr vorausgesagt. Wir verlassen uns täglich auf wissenschaftliche Voraussagen, sei es über das Funktionieren von Maschinen, die Zuverlässigkeit von Betonkonstruktionen oder die Materialermüdung in tragenden Flugzeugteilen. Vorhersagen zukünftiger Geschehnisse sind zunächst nur unüberprüfbare Behauptungen und erst falsifizierbar, wenn das Ereignis eingetreten ist. Darauf können wir im Bereich der Astrophysik nicht immer warten. Unter vielen möglichen Prognosen muss jene ausgewählt werden, die sich in der Vergangenheit am besten bewährt hat. Ähnlich wie Erklärungen vergangener Ereignisse sind wissenschaftliche Vorhersagen Modelle, die auf bekannten Fakten und Erfahrungen gründen. Sie beanspruchen weder völlig zuverlässig noch absolut wahr zu sein. Es überrascht jedoch kaum, dass die wissenschaftliche Literatur über die Zukunft des Universums verschwindend klein ist. Jene, die sich mit den fernsten Regionen im Reich der Möglichkeiten befasst, ist so spekulativ wie die Theorien des Anfangs.

Es gibt keine Prognose ohne Annahmen. Die einfachste Wettervorhersage ist die Annahme von Persistenz: Es bleibt, wie es ist. Das stimmt für das Wetter meistens über Stunden und oft einen oder zwei Tage, selten für länger. Eine bessere Vorhersage erhält man unter der Annahme, dass nicht der Zustand andauert, sondern bestimmte Gesetze gelten, welche die Zustände hervorbringen. Die Naturgesetze sind bekannt, welche die Strömungen der Atmosphäre, die Bildung von Wolken und das Auskondensieren von Schnee und Regen beschreiben. Aufgrund der beobachteten Wetterlage können Großcomputer die Wetterentwicklung vorausberechnen. Die Resultate sind die bestens bekannten Wetterprognosen mit ihrer manchmal etwas enttäuschenden Zuverlässigkeit. Die Gleichungen der Erdatmosphäre sind hochgradig nichtlinear, so dass, wie im letzten Kapitel gezeigt wurde, langfristige Vorhersagen nicht möglich sind. Immerhin lassen sich aufgrund der Erhaltungssätze, insbesondere der Energie, gewisse Grenzwerte angeben, die nicht überschritten werden. So ist es zum Beispiel der gegenwärtigen Sonneneinstrahlung nicht möglich, irgendeinen Punkt auf der Erdoberfläche auf über 100° C zu erwärmen. Dieses Resultat von Modellrechnungen stimmt mit Beobachtungen an Lebewesen überein, die in den vergangenen 3,5 Milliarden Jahren in Gesteinen eingelagert wurden. Mit Ausnahme von einfachen thermophilen Bakterien hätte keine dieser Lebensformen eine höhere Temperatur überlebt. Selbst Erhaltungssätze sind nicht über alle Zweifel erhaben, denn sie sind aus begrenzten Erfahrungen hergeleitet, und vielleicht kennen wir nicht alle Faktoren, welche die Zukunft bestimmen. Für unsere Prognosen werden wir uns dennoch auf Erhaltungssätze stützen müssen als den »eisernen Rahmen«, innerhalb dessen die Entwicklung zum Teil offen ist.

Sonne und Erde werden vergehen

Wie lange die Sonne noch scheinen wird, lässt sich sicherer vorhersagen als das Wetter des nächsten Monats. Die Sonne enthielt ursprünglich $1{,}3 \cdot 10^{27}$ Tonnen Wasserstoff. Bei seiner Verschmelzung von je vier Atomkernen zu einem Heliumkern wird etwa ein Hundertstel der Masse als Energie freigesetzt. Eine einfache Rechnung ergibt, dass dieser Energievorrat bei der jetzigen Leuchtstärke für 71 Milliarden Jahre reichen würde. Trotzdem hat sich die Sonne seit ihrer Entstehung vor erst 4,6 Milliarden Jahren bereits verändert. Wasserstoff wurde bisher nur im innersten Teil der Sonne, dem Kern, verschmolzen. Schon wenn wenige Prozente des Wasserstoffs verbraucht sind, und das ist heute bei der Sonne bereits der Fall, wandelt sich der Aufbau eines Sterns. Der mit Helium angereicherte Kern wird dichter und heißer. Beide Umstände beschleunigen die nukleare Fusion und bringen sie dazu, mehr Wärme zu produzieren. Die Oberfläche des Sterns dehnt sich aus, die Leuchtkraft nimmt zu, und die Lebenszeit verkürzt sich. Sobald etwa zehn Prozent des Wasserstoffs verbraucht sind, wird diese Entwicklung immer schneller und verbraucht den Energievorrat in viel kürzerer Zeit als in der erwähnten Dauer. Der alternde Stern wird so groß, dass sich seine Oberfläche abkühlt und rötlich wird. Er kommt in die gut bekannte Phase der Roten Riesen und verbrennt in einem grandiosen Finale den Großteil seines Energievorrates in kurzer Zeit.

Die Modellrechnungen stimmen recht gut mit den Beobachtungen an benachbarten sonnenähnlichen Sternen überein, die der Sonne im Alter und in ihrer Entwicklung voraus oder hinter ihr zurück sind. Im Kapitel 1.2 wurde auch die andere Möglichkeit zur Nachprüfung der Voraussagen in Sternhaufen beschrieben, in denen alle Sterne ungefähr dasselbe Alter haben. Infolge verschiedener Massen sind sie aber in ihrer Entwicklung verschieden weit fortgeschritten. Ein eindrucksvolles Beispiel ist der rund zehn Milliarden Jahre alte Kugelsternhaufen 47 Tucanae, bei dem alle Sterne mit etwas mehr Masse als die Sonne daran sind, Rote Riesen zu werden, die massiveren bereits diese Phase erreicht haben und die massereichsten Sterne schon längst zu Weißen Zwergen, Neutronensternen oder Schwarzen Löchern wurden.

Seit der Entstehung der Sonne hat die totale Leuchtkraft ihrer Strahlung bereits vierzig Prozent zugelegt. In weiteren 5,5 Milliarden Jahren wird sie sich gegenüber heute verdoppeln. In den nachfolgenden dreihunderttausend Jahren wird

Abbildung 16: Der dreizehntausend Lichtjahre entfernte Kugelsternhaufen 47 Tucanae ist zehn Milliarden Jahre alt. Sterne, die mehr Masse als die Sonne hatten, sind nicht mehr sichtbar. Sie sind bereits zu Weißen Zwergen geschrumpft oder als Supernovae explodiert (Foto: ESO).

der Kern schrumpfen, die Wasserstoffverschmelzung verlagert sich in eine Schale um den Kern, und die Farbe der Oberfläche wechselt auf Rot. Innerhalb einer weiteren Milliarde Jahre wird die Leuchtstärke um einen Faktor tausend zunehmen.

Als Roter Riesenstern wird die Sonne einen ganz anderen Kern haben als heute. Seine Materie wird in einem merkwürdigen Zustand sein, da die Dichte etwa zehn Kilogramm pro Kubikzentimeter betragen wird. Das Gas der Elektronen wird aus diesem Grund entartet sein und die Temperatur so gut leiten, dass sie im Kern überall gleich ist. Schrumpft nun der Kern weiter und übersteigt die Temperatur hundert Millionen Grad, werden Heliumatomkerne zu Kohlenstoff- und Sauerstoffkernen verschmelzen. Wegen der Uniformität der Temperatur wird die Reaktion fast simultan im ganzen Kern beginnen und innerhalb weniger Jahrhunderte ablaufen. Dieser sogenannte Helium-Flash wird sich nur im Kern ereignen. Dreißig Millionen Jahre werden vergehen, bis die produzierte Wärme die Oberfläche sichtbar verändern wird. Ein letztes Mal wird sich die Sonne dann ausdehnen, ihre maximale Größe vom Hundertfachen des heutigen Durchmessers erreichen, und ihre Leuchtkraft wird zweitausendmal den jetzigen Wert übertreffen. In dieser Phase wird sich vielleicht ein planetarischer Nebel bilden, indem sich ihre äußerste Schicht lösen und als blaurot leuchtende Hülle in den interstellaren Raum expandieren wird. Sie wird für dreißigtausend Jahre etwaigen Zuschauern in der ganzen Milchstraße ein großartiger Anblick sein.

Dann wird die Sonne den Raum bis etwa zur Venusbahn ausfüllen. Merkur und Venus werden in ihren heißen Gasen verglühen. Auf der Erde wird die Sonne am Tag ein Drittel des Himmels überdecken und eine alles versengende Hitze ausbreiten. Alle Ozeane werden verdunsten, ihr Dampf und die Luft werden infolge der Hitze in den Weltraum entweichen. Die Oberfläche wird über 1 500° C heiß, so dass selbst das Gestein zum Teil flüssig wird. Es wird kein Leben mehr auf der

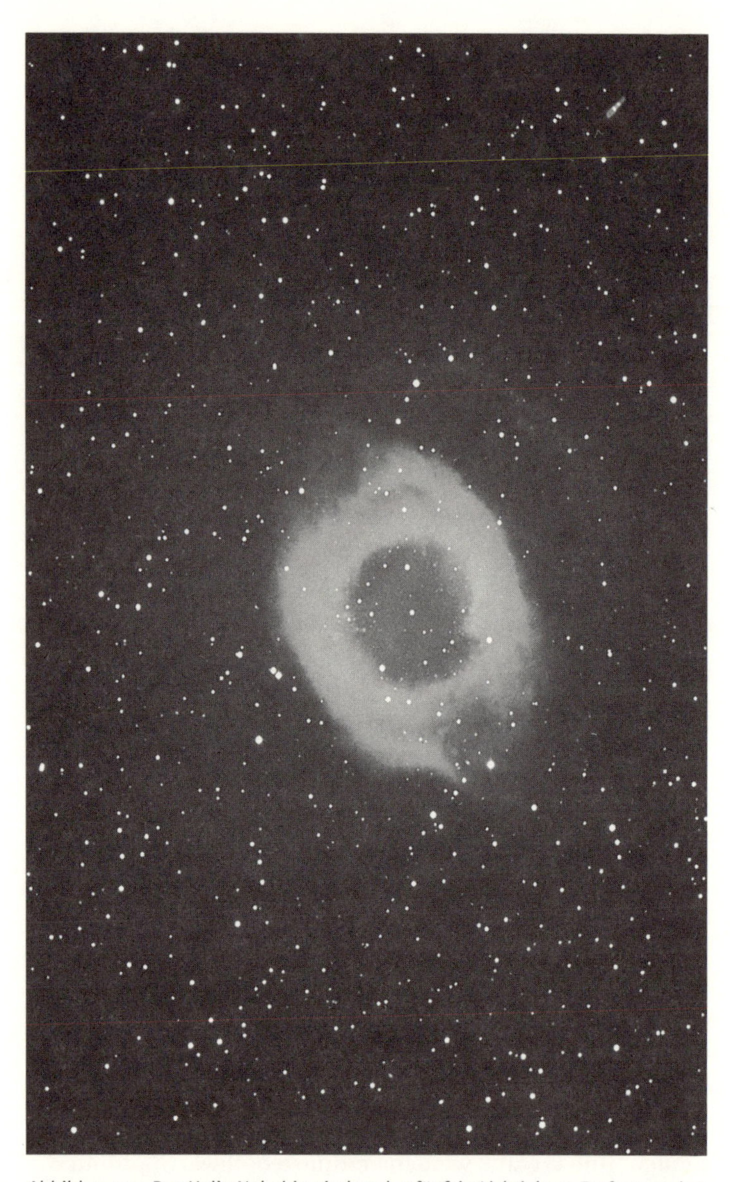

Abbildung 17: Der Helix-Nebel in vierhundertfünfzig Lichtjahren Entfernung hat einen Durchmesser von vier Lichtjahren. Genau im Zentrum ist der alte Stern sichtbar, heute ein Weißer Zwerg, der seine äußerste Schicht vor zwanzigtausend Jahren als planetarischen Nebel abgeworfen hat (Foto: ESO).

Erde geben, weder thermophile Bakterien noch Viren werden überleben. Selbst alle Spuren des Lebens werden ausgelöscht.

Zu dieser Zeit wird es auch im äußeren Sonnensystem heiß werden. Noch in der Distanz des Pluto wird die Strahlung der Sonne den Wert, der heute die Erde erreicht, knapp übertreffen. Der Methan- und Wassereispanzer von Pluto wird schmelzen, und vielleicht wird dort eine Kolonie unserer Nachfahren eine neue Zivilisation gründen. Vergessen wir aber nicht, dass sich die Gattung der *Homo* nur schon innerhalb der letzten Million Jahre körperlich und geistig stark entwickelt hat. Unsere Art des *Homo sapiens* hat sich erst vor rund zweihunderttausend Jahren herausgebildet. Die Kolonisten in 6,8 Milliarden Jahren könnten sich so verändert haben, dass sie uns kaum als Artgenossen anerkennen würden, sollte die Evolution des Menschen auch nur mit einem Tausendstel der bisherigen Geschwindigkeit weitergehen.

Nach einigen weiteren zehn Millionen Jahren wird die Sonne endgültig schrumpfen. Ihre Oberfläche wird heiß werden durch die Kontraktion und von weißer Farbe sein. Sie wird ein Weißer Zwerg mit einem Durchmesser von ungefähr demjenigen der Erde und der Dichte von einer Tonne pro Kubikzentimeter. Jedoch wird die Leuchtkraft der Sonne nur noch ein Zehntausendstel von heute sein, so dass es im Sonnensystem eiskalt wird. Die Erde wird sich auf die Weltraumkälte von –270° C abkühlen. Es wird keinen Zufluchtsplaneten mehr geben, es sei denn, die künftigen Lebewesen bauten ihn in Sonnennähe selber. Erst in 100 Billionen (10^{14}) Jahren wird die Sonne völlig erkaltet sein. Sie wird dann nicht mehr eine Gaskugel sein wie heute, vielmehr erstarrt sie zu einem kristallartigen Material, einer Kugel so groß wie die Erde und mit einer Gashülle von wenigen Metern Dicke. Menschen könnten dort nicht leben, da die Schwerkraft das Hunderttausendfache des irdischen Wertes übertrifft und sie am Boden plattdrücken würde.

Das Universum wird nicht bleiben, wie es ist

Wird das Universum überhaupt in 100 Billionen Jahren, dem Zehntausendfachen seines heutigen Alters, noch existieren? Gemäß dem heutigen Wissen über kausale Naturvorgänge hängt das davon ab, ob die kosmische Expansion weitergeht oder ob die Masse des gesamten Universums genügt, um diese Bewegung abzubremsen und zum Kollaps zu bringen. Wie in Kapitel 2.4 bereits erwähnt, ist die Antwort noch umstritten. Einerseits ist die Dichte der Sterne und Gaswolken – die selbstleuchtende, sichtbare Masse – fast hundertmal zu klein, um die Expansion zu stoppen. Die Masse der Galaxien, die nötig ist, um die Umlaufgeschwindigkeiten der entfernten Kugelsternhaufen und Satellitengalaxien um ihre Muttergalaxien zu erklären, und die auch unsichtbare Masse einschließt, ist immer noch um einen Faktor zehn zu klein. Diese Zahlen haben sich seit mehr als dreißig Jahren nicht wesentlich verändert. Andererseits sagt das Inflationsmodell des frühen Universums den Grenzfall zwischen Kollaps und Expansion voraus.

Die meisten Theoretiker vermuten, dass die fehlenden neunzig Prozent der Materie noch gefunden werden, vielleicht in Form von Neutrinos oder noch unbekannten Elementarteilchen oder als Vakuumsenergie. Nach diesem unter Fachleuten heute meist verbreiteten Modell mit der kritischen Massendichte würde sich das Universum unendlich weiter, aber immer langsamer ausdehnen. Im mathematisch idealen Fall käme es nach unendlicher Zeit zum Stillstand.

Die Differenz zwischen beobachteter und theoretisch vorausgesagter Massendichte könnte auch mit der Annahme erklärt werden, dass wir in einem unterdurchschnittlich dichten Teil des Universums leben. Dieser Teil würde unendlich expandieren, während andere Teile zu riesigen Schwarzen Löchern kollabieren könnten, aus denen es kein Entrinnen, nicht einmal Lebenszeichen in Form elektromagnetischer Emissionen gäbe.

Die Zukunft der kosmischen Expansion ist noch genügend unklar, dass auch Theorien zum universalen Kollaps weiter verfolgt werden. Eine Million Jahre vor dem »Big Crunch«, wie dieser bildhaft unheimlich auf Englisch genannt wird, würde die kosmische Hintergrundstrahlung so intensiv werden, dass alles Leben wie in einem Mikrowellenofen verbrennen würde. Man könnte sich vorstellen, dass das Universum schließlich wieder ins Vakuum eintauchen und verschwinden würde, aus dem es vielleicht entstanden ist. Es würde sich durch nichts vom Urvakuum vor dem Universum unterscheiden. Immer wieder liest man ferner von Modellen eines periodisch pulsierenden Universums, das nach einem Kollaps wieder expandiere. Dafür gibt es allerdings weder physikalische noch astronomische Anhaltspunkte, und Theorien dieser Art sind extrem spekulativ. Denkbar wäre hingegen, dass aus dem Vakuum irgendwann spontan wieder ein Universum entsteht.

Wir bleiben bei der durch die Beobachtungen favorisierten Annahme, dass sich das Universum unbegrenzt ausdehnen wird. Allgemein hat dann die Gravitation die Tendenz, die Materie des Universums zu strukturieren, sei es zu Galaxien, Sternen oder Schwarzen Löchern. Es gibt genügend Wasserstoff in unserer Galaxie, der Milchstraße, dass die Sternproduktion noch einige zehn Billionen (10^{13}) Jahre weitergehen kann. Selbst die Sterne mit kleinerer Masse als die Sonne, die extrem langlebig sind, werden aber in 10^{14} Jahren alle zu Weißen Zwergen kontrahiert sein. Wie lange noch neue Sterne entstehen werden, das hängt von der Natur der unsichtbaren Materie ab. Aussagen darüber sind daher noch ungenau. Es scheint indessen plausibel zu sein, dass irgendwann der Vorrat an Wasserstoff aufgebraucht und die Entstehung neuer Sterne abgeschlossen sein wird.

Die Bahn der Sonne ist chaotisch und lässt sich im Gewirr der hundert Milliarden anderen Sterne nicht langfristig berechnen. Auf ihrem Weg um das galaktische Zentrum wird die Sonne anderen Sternen begegnen. Irgendwann wird die minimale Distanz zu einem Nachbarn so klein, dass die Planetenbahnen merklich gestört werden. Nähern sich zwei Sterne auf etwa den Radius einer Planetenbahn, kann es vorkommen, dass der Planet sich vom Mutterstern löst und zum anderen übergeht oder sich im interstellaren Raum verliert. Der durchschnittliche Zeitraum, einem anderen Stern so nahe zu kommen, dass die Erde von der Sonne gelöst und in den Weltraum geschleudert werden könnte, ist 10^{15} Jahre. Nach hundert solchen Begegnungen werden mit großer Sicherheit alle Planeten eines Sterns wegkatapultiert sein. Nach 10^{17} Jahren wird die Erde dann einsam ihre Bahn in der Milchstraße ziehen, sofern sie nicht so viel zusätzlichen Impuls erhält, dass sie aus der Galaxis hinausgeschleudert wird. Weniger wahrscheinlich und weniger häufig sind Begegnungen, die sogar die Sonne aus ihrer Bahn lenken könnten. Bei sehr nahen Begegnungen könnte sie so viel Geschwindigkeit gewinnen, dass auch sie aus der Milchstraße hinausgeworfen würde. Viel wahrscheinlicher wird sie jedoch Energie verlieren und in Richtung des galaktischen Zentrums sinken. Die gemeinsame Wirkung vieler Nahbegegnungen verlangsamt die galaktische Rotation und bewirkt, dass sich die Scheibe der Milchstraße zusammenzieht. Es ist der gleiche Effekt wie beim Verdampfen einer Flüssigkeit: Die schnellsten Teilchen verlassen die Oberfläche, und die Flüssigkeit der zurückbleibenden Teilchen kühlt sich ab. Der Prozess wird auch in Kugelsternhaufen beobachtet und ist gut bekannt. Nach 10^{19} Jahren wird dieser Vorgang so weit fortgeschritten sein, dass die meisten Sterne und Planeten, so auch Sonne und Erde, entweder unwiderruflich im zentralen Schwarzen Loch der Milchstraße eingetaucht sind oder aber als »verdampfte« Einzelsterne durch den intergalaktischen Raum irren.

Langfristig ist die Materie der Atomkerne nicht stabil, denn nach den zwar noch unbestätigten Theorien der vereinheitlichten Wechselwirkungen von Elementarteilchen, welche auch der kosmischen Inflation zugrunde liegen, werden die

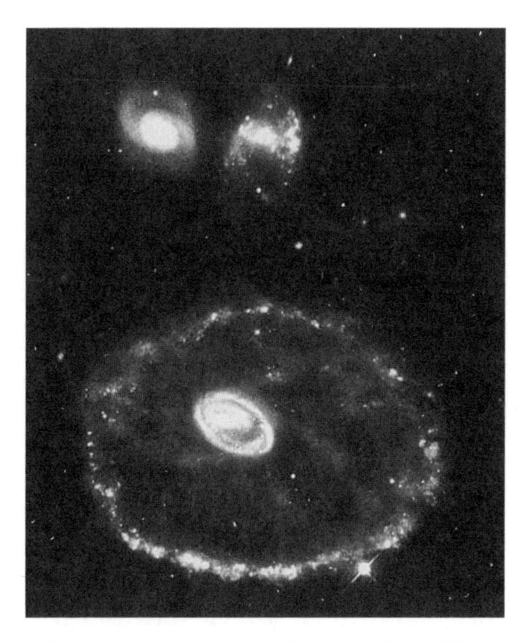

Abbildung 18: Die Wagenrad-Galaxie in 650 Millionen Lichtjahren Entfernung hatte vor fünf Millionen Jahren einen Zusammenstoß mit der Zwerggalaxie in der Mitte des oberen Bildteils. Diese muss sich fast genau durch das Zentrum der Galaxie bewegt haben. Ein immenser, kreisförmiger Gasring entfernt sich seither, in dem sich große, helle Sterne bilden (Foto: NASA).

Protonen mit einer Halbwertszeit von etwa 10^{33} Jahren zerfallen. Protonen sind wirbelnde Bälle aus zwei up-Quarks und einem down-Quark sowie Feldquanten, den Gluonen, die sie zusammenbinden. Infolge ihrer Quantennatur können sich die Bestandteile für kurze Zeit in andere Elementarteilchen verwandeln, die sich aber, falls ihre Energie die des Protons übersteigt, innerhalb der Zeitunschärfe wieder vereinen müssen. Das Gesetz der Energieerhaltung wirkt dabei wie ein strenger Rechnungsrevisor, der immer dafür sorgt, dass die Schlussabrechnung stimmt. Ist die Summe ihrer Massen kleiner, kann der Zerfall endgültig sein. Mit der überschüssigen

Energie bewegen sich die neuen Teilchen voneinander. Beim Proton wandeln sich die Quarks nach den erwähnten Theorien etwa alle 10^{33} Jahre in ein π^0 Teilchen (neutrales Pion) und ein Positron (Antiteilchen des Elektrons) um. Die π^0 zerfallen im Bruchteil einer Sekunde in zwei hochenergetische Photonen oder je ein Photon, Elektron und Positron. Der ganze Zerfallsprozess ist im Prinzip reversibel, doch wird es mit zunehmender Zeit immer unwahrscheinlicher, dass sich die neu entstandenen Teilchen je wieder finden und sich wieder vereinen. Es ist der Trend zum Wahrscheinlicheren, der – wie Ludwig Boltzmann den Zweiten Hauptsatz der Thermodynamik gedeutet hat – den Gang der Zeit irreversibel macht. Aus dem spielerischen Brodeln des chaotischen Vakuums wird bedrohlicher Ernst. Ohne Protonen sind auch Neutronen und damit alle Atomkerne instabil. Mit dem Proton zerfallen alle Bausteine unseres Makrokosmos. Nach rund zweihundert Halbwertszeiten, in vielleicht 10^{35} Jahren, wird das letzte Nukleon zerfallen sein.

Die Materie des Universums wird dann als dünnes Gas aus Photonen und Leptonen – vor allem Elektronen, Positronen und Neutrinos – weiter bestehen, das ein Gerippe von supermassiven Schwarzen Löchern umweht. Auch Schwarze Löcher sind vielleicht nicht stabil und strahlen die gesamte in ihrer Masse enthaltene Energie ab, bis sie gänzlich verschwinden. Der Prozess, von Stephen Hawking 1974 vorgeschlagen, beruht auf einem quantenmechanischen Effekt, aufgrund dessen Teilchen – vor allem Photonen – unter dem Rand des Schwarzen Lochs »hindurch tunneln« können, da ihr Ort unscharf ist. Der Vorgang ist so langsam, dass es 10^{100} Jahre dauern wird, bis ein großes Schwarzes Loch mit der Masse einer Galaxie zerstrahlt.

Der Ausblick in die ferne Zukunft des Universums unter der Annahme der heute bekannten Naturgesetze ist gewiss spekulativ. Wir kennen das Universum und die physikalischen Erhaltungssätze noch nicht genug, um die Zukunft über mehr als einige zehn Milliarden Jahre auch nur grob vorauszusagen. Zuverlässiges wissen wir nur über die Zukunft unserer Sonne. Ihre Entwicklung scheint aber symptomatisch zu sein für das ganze Universum. Das Sonnensystem wird sich infolge des endlichen Energievorrats der Sonne drastisch ändern, und die Erde wird nicht mehr im heutigen Sinn bewohnbar sein – zunächst zu heiß, später zu kalt – für jede uns bekannte Form von Leben. Zweifellos geht die Entwicklung des Universums weiter. Wird sich das Leben und insbesondere seine Ausprägung in der Art der Menschen an diese zukünftigen Entwicklungen anpassen können? Vielleicht ist die Menschheit auch eines der vielen Kapitel in der Entwicklung des Universums, die ein Ende haben.

Eine andere Sicht der Zukunft

Ambivalente Gefühle und kühle Prognosen beschäftigten uns bisher beim Thema Zukunft. Nicht nur globale Veränderungen, sondern auch die Vernichtung der Lebensgrundlagen bis zur möglichen Auslöschung allen Lebens in seiner heutigen Form sind gemäß exakten naturwissenschaftlichen Modellen angesagt. Selbst wenn diese Prognosen die ferne Zukunft betreffen, kann ich dies nicht schreiben ohne ein leises Gefühl des Entsetzens. Der Umgang mit der zukünftigen Wirklichkeit lässt uns am wenigsten unberührt, denn als Menschen sind wir ins Ganze der Entwicklung, in ihre Offenheit und Ungewissheit, unweigerlich mit einbezogen.

Auch wissenschaftlich unbelastete frühere Generationen kannten ähnliche Untergangsängste. Was ihre Angst auslöste, war nicht die Astrophysik, sondern waren der mögliche Untergang ihres Volkes, drohende Seuchen, Krieg oder ihr eigener Tod. In diesem Kapitel über den religiösen Umgang mit Zukunftsgefühlen soll dargestellt werden, wie im Neuen Testament die Angst vor drohenden Nöten und Krisen aufgenommen und was ihr entgegengehalten wurde. Es geht um die *Hoffnung*. Sie ist seit bald zweitausend Jahren und durch Verfolgung, Umwälzungen und Kriege hindurch das auffallendste Zukunftsgefühl der Christen. Worauf gründet diese Hoffnung? Im Folgenden werden die Ich-bin-Worte des Johannesevangeliums vorgestellt, welche christliche Hoffnung ausdrücken und beispielhaft veranschaulichen.

Ich-bin-Worte

Im Evangelium nach Johannes gibt es Aussagen von Jesus über sich selbst, die im Neuen Testament einmalig sind. Sie haben eine typische Form mit zwei Teilen. Alle beginnen mit »Ich bin«, gefolgt von einem Bild: »das Brot des Lebens – der wahre Weinstock – der gute Hirte – die Türe – das Licht der Welt – der Weg, die Wahrheit und das Leben – die Auferstehung und das Leben«.[53] Diesem ersten Satz der Identifikation folgt jeweils eine Einladung: »Kommt zu mir«, oder »Wer zu mir kommt«, und eine Verheißung: »der wird nicht hungern – Frucht tragen – Weide finden – nicht in Finsternis leben – nicht verloren sein – leben«. Am Schluss des Buches werde ich versuchen, im Sinne Jesu ein ähnliches Ich-bin-Bildwort zu formulieren, das meine Überlegungen zur Zukunft zusammenfasst.

Über die Herkunft der Ich-bin-Worte weiß man wenig. Das Johannesevangelium ist zweifellos das jüngste der vier Evangelien im biblischen Kanon und wurde erst ums Jahr 100 n.Chr. niedergeschrieben. Die Evangelien entstanden an verschiedenen Orten mit je eigener Tradition. In ihrem Umkreis wurden Jesusworte bewahrt, Erzählungen gesammelt und bereits zu ersten Berichten zusammengestellt. In den Gottesdiensten entwickelte sich zudem eine Kultur von Hymnen, Redewendungen und Glaubensbekenntnissen. Die Evangelisten wählten aus diesen Quellen aus, dabei haben die drei ersten Evangelien noch stark die Form einer Erzählung behalten. Sie sind eher wie eine Biographie aufgebaut: Die Geschichte beginnt mit der Geburt Jesu, berichtet über seine Lehrtätigkeit in Galiläa und strebt dem Höhepunkt von Karfreitag und Ostern zu. Zwar folgt auch der Autor des Johannesevangeliums einer biographischen Abfolge, aber er hat seinem Text einen strengeren, logischen Aufbau gegeben. Damit wird das Evangelium weniger eine Erzählung und erinnert mehr an die Form eines modernen Forschungsberichtes, in dem nicht einfach alle Beobachtungen wahllos aufgeschrieben werden, sondern umfangreiches Material gesichtet,

[53] Johannes 6,35; 15,1; 10,14; 10,9; 8,12; 14,6; 11,25.

zusammengefasst und interpretiert wird. »Der hochgradig bewusst arbeitende, äußerst kompetente, ein breites Spektrum von Gestaltungsmöglichkeiten beherrschende Autor«[54] konzentrierte sich vor allem auf die Worte Jesu, und die Ich-bin-Worte sind die Knotenpunkte des folgerichtig konzipierten Textes.

Wegen der stilistischen Übereinstimmung ist es naheliegend, dass die Ich-bin-Worte aus einer einzigen, nur dem Autor zugänglichen Quelle stammten oder dass, weil sie der Theologie des Johannes präzise entsprechen, er sie selber zum ersten Mal niedergeschrieben hat. Inhaltlich klingen in den Worten alttestamentliche und spätjüdisch-apokalyptische Texte an. Eine Ich-bin-Gottesoffenbarung mit Bildwort findet sich aber weder im Alten Testament noch im zeitgenössischen Judentum oder in Qumrantexten. Die sprachliche Form bildhafter Vergleiche ist hingegen aus der Gnosis bekannt, einer spekulativen Religionsphilosophie des damaligen Hellenismus.[55]

Die Sachverständigen des Neuen Testaments gehen heute allgemein davon aus, dass die Ich-bin-Worte keine wörtlichen Zitate Jesu sind. Das soll auch im Folgenden angenommen werden, ist aber nicht entscheidend. Viel bedeutsamer ist, dass sie gut reflektierte Zusammenfassungen seiner Botschaft sind. Diese wird im Johannesevangelium meistens nicht in einzelnen historischen Sätzen weitergereicht, deren ursprüngliche Sprache und Kultur den Lesern je länger desto weniger verständlich gewesen wäre. In der Zeit zwischen Ostern und der Niederschrift des Evangeliums hatte sich im östlichen Mittelmeerraum sehr viel verändert. Jerusalem wurde zerstört, die Christengemeinde verfolgt und zerstreut. Johannes oder sein Vorgänger musste die aramäischen Worte Jesu in treffende Worte seiner judenchristlichen, griechisch sprechenden Ge-

[54] B. Hinrichs, *Ich bin*, Stuttgarter Bibelstudien 133, 1988, S. 94.

[55] Die religionsgeschichtlichen Hintergründe zu den Ich-bin-Worten habe ich S. Schulz, *Das Evangelium nach Johannes*, NTD 4, Göttingen 1972, S. 128, entnommen.

meinde übersetzen. Hätte er die zündende Botschaft Jesu nur wörtlich übertragen, wären seine Zuhörerinnen und Zuhörer siebzig Jahre später vielleicht historisch, aber nicht mehr im ursprünglichen Maße persönlich angesprochen worden. Johannes wollte die Botschaft mit den drei Generationen später gängigen Ausdrucksmitteln verständlich machen.

Die Ich-bin-Worte knüpfen direkt an die zentrale Gotteserfahrung des Mose an, wo im brennenden Busch Gott seinen Namen – und damit sein innerstes Wesen – kund gibt: »Ehjeh ascher ehjeh« (»Ich bin, der ich bin«, oder, etwas runder übersetzt: »Ich bin der, als der ich mich erweisen werde«, Exodus 3,14). Aus dem »Ich bin« über die Form »Er ist« entstand die Deutung des hebräischen Gottesnamens Jahwe. Auf den alttestamentlichen Bezug weist auch die merkwürdige Form der Ich-bin-Worte im griechischen Urtext. Es steht dort *egō eimi* statt allein die Standardform *eimi*. Dem griechischen Verb, das wie im heutigen Italienisch oder Spanisch das Personalpronomen schon enthält, geht nochmals ein »Ich« voran. Diese auffällige Sprachform betont die redende Person, weist aber auch auf den Ursprung im semitischen Sprachraum hin.

Die bildliche Form der Ich-bin-Worte macht schon klar, dass etwas gesagt werden will, das hinter den vordergründigen Erscheinungen liegt. Natürlich ist Jesus nicht chemisch dem Brot gleich, aber in seiner Eigenschaft des Sattmachens ist er mit Brot identisch. Es geht aber nicht nur um ein Gleichnis oder eine Allegorie, also nicht nur um einen Vergleich: Ich bin *wie* Brot, *wie* ein Hirte usw. Die Worte wollen darüber hinaus sagen, dass in allem, was sättigt, den Durst löscht und die gute Richtung zeigt, Jesus wahrgenommen werden kann. Also sei Jesus in jedem Stück Brot zu erfahren. Darüber hinaus wird zudem die Einzigartigkeit Jesu hervorgehoben: Jesus allein ist das wahre Brot, der gute Hirte usw. im Gegensatz zu weltlicher Sättigung und zu anderen Erlösergestalten. Die Ausschließlichkeit und Härte des Anspruchs mag erstaunen; sie kann allein mit der Bedeutung begründet werden, welche der Verfasser des Evangeliums und wohl auch Jesus selber seinem Auftrag beimessen. Der Ausspruch war bereits für einen Teil der Zuhörer ein Ärgernis und soll es nach der Meinung des Evangelisten auch sein, denn anders kann es nicht gehen, wenn das Göttliche jemandem in seiner geschichtlichen Wirklichkeit und nicht in metaphysischer Ferne begegnet.

Die Ich-bin-Worte sollen nicht provozieren, sondern Erlösung verkünden und – was hier sehr wichtig ist – Hoffnung vermitteln. Sie sprechen den Evolutionsdruck der Menschen aller Zeiten an, die Nahrungsknappheit und den Tod. In der Not und bei elementaren Bedürfnissen meldet sich das menschliche Verlangen nach einem Leben, das nicht von der Zeit und der Vergänglichkeit der Welt bedroht ist. Die Bildworte weisen darauf hin, dass das eigentliche Wunder, das Jesus tut, nicht die Brotvermehrung und eine vorübergehende Sättigung ist. Ich-bin-Worte weisen in die Zukunft. Indessen ist nicht nur dort ihre Wahrheit erfahrbar, schon jetzt ist die endzeitliche Zukunft Wirklichkeit. Die überraschten Zuhörer vernehmen, dass es das wahre Brot, das wahre Licht, das ewige Leben schon gibt. Die Worte von Brot, Weinstock, Hirten, Licht, Wahrheit und Leben verkünden Erlösung von Hunger, Fruchtlosigkeit, Verlorenheit, Dunkel, Täuschung und Tod. Und die Erlösung findet nicht in ferner Zukunft statt, sondern jetzt. Jesus identifiziert sich mit dem unerhörten Anspruch der eschatologischen Heilshoffnungen, und das gemäß Johannes erst noch in der Gegenwart.

Es ist die eigentliche Kernaussage des Johannesevangeliums, dass das Wort nicht aus konservierten Buchstaben besteht, sondern eine weltverändernde Kraft ist. Bedeutsamerweise bezeichnet Johannes Jesus selbst gleich am Anfang des Evangeliums, im Logos-Hymnus[56], als das eine, schöpferische Wort Gottes (*lógos*, gr. = Wort). Die Ich-bin-Worte konzentrie-

[56] »Am Anfang war das Wort, und das Wort war bei Gott, und das Wort war Gott [d. h. das Wort war rein göttlich, aber Gott war nicht nur das Wort]. Alle Dinge sind durch dasselbe geworden« (Johannes 1,1–3).

ren die historischen Sätze Jesu und bringen sie auf den Punkt, der Menschen anspricht. So bekommen seine Worte ihre ursprüngliche, Menschen verändernde Wirkung wieder. Dass das Johannesevangelium trotz seiner späten Entstehung Aufnahme in den biblischen Kanon fand und zu einem Buch des Neuen Testaments wurde, bestätigt den großen Widerhall dieser Übertragung der Botschaft Jesu in eine hellenistisch geprägte Gedankenwelt.

Christologische Deutungen sind Modelle

Neben der Übertragung und der Konzentration der Überlieferung zeigt der Autor des Johannesevangeliums ein starkes Interesse daran, die Ereignisse um Jesus zu deuten. In seinem berühmten Prolog werden diese in kosmische Verhältnisse gesetzt. Im Johannesevangelium wechseln daher die Reden Jesu bisweilen unversehens in Reden über Jesus. Uns heutigen Menschen wäre eine möglichst objektive Berichterstattung über den historischen Jesus sehr wichtig. Solche Berichte gibt es aber erst in der Neuzeit. Die antiken Historiker wollten dem später geborenen und weniger informierten Leser die Mühe abnehmen, die Geschehnisse zu werten und zu interpretieren. So war es auch für die frühen Christen viel wichtiger, zu verstehen und zu verkünden, was das Leben und Sterben Jesu bedeutet, als biographische Details zu vermitteln. Mit seiner kühnen, von Jesu Botschaft inspirierten Deutung hat der Autor des Johannesevangeliums diese Botschaft für seine Zeit wieder zum Sprechen gebracht. Sein Beispiel könnte ein Vorbild dafür sein, wie diese Botschaft weitergegeben werden soll.

Ähnlich wie in der Naturwissenschaft hat auch eine religiöse Deutung die Funktion einer Theorie. Sie ist nicht als absolute Wahrheit zu verstehen, sondern versucht, der Wahrheit möglichst nahe zu kommen. Vielleicht hat es einen tieferen Grund, dass der griechische Wortstamm von Theorie (*theōréō* gr. = schauen, überlegen, einsehen) dem Wort für Gott, *theós,* ähnlich ist. Deutungen sind notwendig, weil die Fakten allein – sofern sie überhaupt zugänglich sind – ein Geschehen wie zum Beispiel das Leben und Sterben Jesu noch nicht in ein übergeordnetes Ganzes einordnen können. Nennen wir die Interpretationen der Geschichte Jesu, wie sie Johannes und andere bewerkstelligen, *christologische Modelle.*

Ich-bin-Worte sind auf Kurzform gebrachte christologische Modelle und erinnern in ihrer Abstraktion an physikalische Formeln. Es muss aber sofort auf gewichtige Unterschiede zu naturwissenschaftlichen Modellen hingewiesen werden. Rein formal haben die Ich-bin-Worte keinen Sinn. Das Subjekt des Satzes, Jesus, entspricht materiell nicht dem Prädikatsnomen, den Objekten Brot, Wein usw. Offensichtlich sind die Ich-bin-Worte keine mathematischen Gleichungen oder chemische Formeln und beantworten nicht eine Was-Frage, wie das in der Naturwissenschaft üblich ist. Noch bedeutsamer ist, dass sich eine naturwissenschaftliche Aussage, wie früher erwähnt, nur auf das Objekt bezieht. Das Subjekt mit seinen Gefühlen, Erwartungen und Hoffnungen tritt vollständig zurück. Das Objekt wird untersucht und ist zur Passivität verurteilt. Demgegenüber wollen die Ich-bin-Worte eine Beziehung herstellen zwischen vier Polen: erstens Jesus und damit Gott, zweitens dem angesprochenen Menschen, drittens seinen Bedürfnissen und seiner Not sowie viertens deren Überwindung, bildlich dargestellt durch Brot, Wein usw. Alle vier Punkte müssen im Blick sein, um das Modell zu verstehen. Die Richtigkeit einer solchen Botschaft, die eine Beziehung stiften will, kann durch keine objektive, unbeteiligte Beobachtung festgestellt werden. Nur Menschen, die sich ansprechen lassen und sich auf die Beziehung einlassen, können die Wahrheit von Ich-bin-Worten testen.

Ich-bin-Worte sind kurz gefasste Interpretationen von historischen und überlieferten Erlebnissen auf der Glaubensebene. Sie enthalten Deutungen der geschichtlichen Existenz

Jesu, seines gewaltsamen Todes und seines nachösterlichen Erscheinens. Es gibt noch andere Deutungen der gleichen Geschichten. Es ist spannend, sie im Folgenden zu vergleichen.

Zu seinen Lebzeiten wurde Jesus von seinen Anhängern für den Messias gehalten. Das griechische Fremdwort stammt aus dem hebräischen *maschiach* (griechisch = *christos*) und bedeutet »Gesalbter«. Dies ist im Alten Testament zunächst die allgemeine Bezeichnung für Könige Israels, später auch für die Hohenpriester, deren Haupt bei der Amtseinsetzung mit Öl gesalbt wurde. Zur Zeit Jesu und unter römischer Herrschaft bezeichnete Messias den verheißenen König, dessen Reich die nationale Souveränität Israels wiederherstellen, ja die ganze Welt umfassen sollte. Jesus selbst zeigte sich dieser Deutung gegenüber zurückhaltend, wusste sich jedoch als Heilsbringer schlechthin, der mehr ist als ein Prophet und der über die Zukunft aller Menschen entscheidet.

Das Umfeld von Johannes, die hellenistischen Judenchristen im Vorderen Orient, deutete Jesus, beziehungsweise den auferstandenen Christus, als Gottes »Weisheit« oder »Vernunft«. Die Weisheit als eine Eigenschaft Gottes wurde in frühjüdisch-gnostischen Spekulationen auch als mythische Person verehrt. Sie war am Anfang bei Gott, ist von ihm ausgegangen, und durch seine Weisheit hat Gott den Kosmos erschaffen. Jesus wurde mit der Weisheit gleichgesetzt; sie war durch ihn direkt wahrnehmbar. Diese Deutung wird vor allem im Prolog des Johannesevangeliums deutlich, dem Logos-Hymnus auf die Weisheit als göttliches Schöpfungswort.

In neuerer Zeit hat Pierre Teilhard de Chardin das Jesusgeschehen im evolutionären Weltbild gedeutet. Teilhard sieht in der Entwicklung des Universums und des Menschen eine Konvergenz der kosmischen Evolution auf ein höheres Bewusstsein des Mitwissens, Mitleidens und Mitlebens hin, mit der das Universum zunehmend »christusartiger« werde.

Die Deutung des Johannes – wir könnten sie das Logos-Modell nennen – zeigt, wie bereits für die Christen der antiken Welt die Gestalt Jesu eine Bedeutung erhielt, die den lokalen und zeitlichen Rahmen der Ereignisse in Jerusalem um das Jahr 31 n. Chr. weit übertraf und kosmische Ausmaße hatte. Schon die Urchristen haben in Jesus eine Tiefendimension wahrgenommen, in der sie die Grundgedanken der Schöpfung des ganzen Kosmos wiedererkannten. Der Autor des Johannesevangeliums geht davon aus, dass es keine irdischen Begriffe gibt, welche die Wirklichkeit fassen könnten, die uns in Jesus begegnet. Daher präsentiert er mehrere Ich-bin-Worte mit verschiedenen Bildern, die den gleichen Inhalt immer wieder von anderen Seiten beleuchten. Eine Fülle weiterer Titel mit ähnlichem Anspruch aus dem übrigen Evangelium, von »Menschensohn« bis »Gottessohn« und »Logos«, reiht sich an.

Der Leitspruch am Ende dieses Buches: *»Ich bin das wahre Neue. Wer auf mich vertraut, hat teil am Sinn des Ganzen trotz Zerfall und Tod, auch wenn die Sonne verglühen, die Erde sich im Raum verirren und das Universum zerstrahlen wird«*, stammt historisch nicht von Jesus. Könnte der Satz trotzdem wahr sein? Würde Jesus heute so etwas sagen? Vielleicht würde Johannes die Botschaft Jesu heute auf diese Weise formulieren, um auszudrücken, dass die zukünftige Entwicklung unseres eigenen Lebens und dessen Tod, wie auch jene der Himmelskörper und des Universums nicht die einzige und letzte Wirklichkeit sind. So wie ihm damals Hunger, Durst und Schutzlosigkeit nicht als letzte Wirklichkeit erschienen. Was wirklich zählt, ist diese ebenfalls erfahrene Kreativität, welche die Hoffnung begründet, dass auch künftig Neues entstehen wird.

Der Leitspruch ist ein Versuch, das Logos-Modell mit Vorstellungen aus der modernen Naturwissenschaft auszudrücken. Der Spruch nimmt als extremes Beispiel für heutige Zukunftsängste die von ferne drohenden kosmischen Katastrophen auf. Ähnlich wie Johannes geht er von objektiven Gegebenheiten aus, wechselt dann auf die Ebene der Partizipation und erkennt dort in den naturwissenschaftlichen Fakten jene kreative Macht, die punktuell durch Jesus bereits in unserer Welt sichtbar geworden ist und in Zukunft noch vermehrt erfahrbar sein wird. Mehr über den Übergang von der einen auf die andere Ebene wird im nächsten Kapitel ausgeführt. Entscheidend daran ist, dass das Objektive nicht aus den Augen verloren geht und als Referenz und Quelle von Bildern im Gesichtsfeld bleibt. Das ist nur von einem Standpunkt aus möglich, der beiden Ebenen übergeordnet ist.

Nicht dass das Neue, welches aus dieser zerfallenden Welt in ihrer Offenheit vielleicht entstehen wird, durch eine direkte Intervention aus dem Jenseits gewirkt würde. Die vergangene Entwicklung des Universums zeigt, wie Neues gemäß naturwissenschaftlichen Gesetzen nachträglich erklärt werden kann. In religiöser Wahrnehmung wird in dieser Dynamik aber ein umfassender Grund der Welt erkennbar. Dieser eigentliche Kern des Neuen, das entstanden ist und noch entstehen wird, ist göttlicher Natur. Gerade in der Welt der physikalischen Symmetrien, der Energieerhaltung, des Zufalls, der Kausalität und der irreversiblen Zeit wird sich das überraschend Neue bilden. Bestand und Zukunft hat nicht jede Veränderung, sondern nur das Wahre und wirklich Neue. Die zukünftige Erlösung aus weltlicher Not und aus Zerfall hat gemäß Johannes den gleichen Grund wie die Ereignisse um Jesus von Nazareth. Das Muster ist das gleiche in Vergangenheit und Zukunft. Das künftige wahre Neue oder der Ansatz dazu seien bereits in dieser Welt, würde er darum sagen, wir müssten es nur wahrnehmen.

Wie bereits im Kapitel 1.4 beschrieben, ist die religiöse Wahrnehmung eine vom Glauben gewirkte andere Sicht der Wirklichkeit. Die neue Sicht ist relational: Sie schafft eine Beziehung zwischen dem Betrachter, dem Objekt und Gott, und fügt auf diese Weise den Menschen in umfassendes Ganzes ein. Es geht also nicht um eine Art Röntgenblick, der den Objekten auf einen noch tieferen Grund als die Naturwissenschaften ginge, der dann wiederum objektivierbar und manipulierbar wäre. Im Gegenteil öffnet sich der Blick aufs Ganze und bringt auf diese Weise sowohl Objekt wie Subjekt in einen größeren Zusammenhang einschließlich einer transzendenten Dimension. Aus dieser Sicht kann ein Sinngefüge wahrgenommen werden und ein Wertesystem entstehen. Nicht alles, was entsteht, ist gut. Auch das Böse kommt ins Blickfeld, das dieses Neue verhindert, verneint und zerstört. Das entstandene Böse ist aber nicht wirklich neu, denn es hat, so der christliche Glaube, letztlich keine Zukunft. Glaube und neues Wahrnehmen, Glaube und Erahnen des Sinns im Ganzen gehören zusammen und bedingen sich gegenseitig.

Hoffen trotz Prognosen?

Wir stehen am Rande eines neuen Jahrtausends und schauen hinaus auf ein immenses Meer von Zeit. Was kommt auf uns zu? Was bringt die noch fernere Zukunft? Sind Hoffnungsschimmer auszumachen? Im Blick auf die Zukunft und in der Hoffnung begegnen sich Naturwissenschaft und Religion. Das Erhoffte folgt nicht zwingend aus dem faktisch Gegebenen. Hoffnungen haben wohl Gründe, sind aber nie gewiss. Außenstehende können daher jede Hoffnung als illusionär kritisieren. Wer hofft, lebt jedoch nicht im Wolkenkuckucksheim, falls es genügend Berührungspunkte zwischen Hoffnung und Wirklichkeit gibt. Das spricht nicht gegen eine gewisse »Hoffnung wider alle Vernunft«, denn der Anschein des Faktischen ist nicht notwendig die ganze Wirklichkeit. Hoffnungen gründen auf Versprechen, Verheißungen, Utopien und – wie im Falle der christlichen Hoffnung, die hier naturwissenschaftlichen Prognosen gegenübergestellt werden soll – auf der Wahrnehmung der Welt als Schöpfung mittels eines bestimmten Musters.

Im vorangehenden Kapitel wurde dargestellt, wie der Autor des Johannesevangeliums in der Person Jesu ein Muster wahrnahm, das er als eine Art Paradigma, als Grundmuster der Schöpfung erkannte. In Kapitel 3.4 haben wir das Karfreitag-Ostern-Muster bereits angesprochen. Was ist dieses Muster, und wie erkennt man es im Gang der Welt? In Analogie zur biblischen Tradition soll in diesem letzten Kapitel versucht werden, das naturwissenschaftliche Zukunftsbild in der Sprache des christlichen Glaubens wahrzunehmen. Obwohl hier die gemeinsame Zukunft zum Begegnungsort von Religion und Naturwissenschaft wird, bleibt es wichtig, die beiden Ebenen deutlich zu unterscheiden. Die Muster der einen Ebene lassen sich nur bildlich auf die andere übertragen. Wollen sich Naturwissenschaft und Theologie über die Zukunft verständigen, verlangt dies zunächst einige kurze Überlegungen über Muster und Bilder.

Mit Mustern die Wirklichkeit erkennen

Das Wiedererkennen eines Gegenstandes ist eine erstaunliche Leistung des Gehirns, bei weitem nicht nur des menschlichen. Wie es im Laufe der Entwicklungsgeschichte zu dieser phänomenalen Fähigkeit kam, ist im Detail noch wenig geklärt. Lebewesen mit scharfen Sinnesorganen und zuverlässiger neuronaler Auswertung waren sicher bevorzugt im Überlebenskampf. Mustererkennung ist heute auch ein wichtiges Gebiet der modernen Informatik und Computerwissenschaft. Es geht zum Beispiel darum, auf Videobildern bestimmte Gegenstände automatisch zu erkennen und zu bewerten. Anwendungen reichen von der Fehlererkennung bei Massenproduktion, der Robotersteuerung, dem Klassifizieren von Obst bis zur Auswertung von Satellitenaufnahmen ganzer Länder. Die Technik der Mustererkennung besteht aus drei Stufen: Zuerst wird das Muster definiert, dann der Bildinhalt der Probe bestimmt, indem man ihn auf Kennwerte reduziert, schließlich werden diese mit dem Muster verglichen.

Es ist erstaunlich, wie treffsicher unser Hirn bekannte Gesichter erkennt. Auch in diesem Beispiel wird das Bild auf Kenngrößen reduziert wie Augenabstand, Nasenform, Haarwuchs usw., die dann das Hirn – allerdings nicht numerisch – mit dem Muster aus der Erinnerung vergleicht. Wenn wir auf große Distanz einer uns bekannten Person begegnen, das Hirn aber noch nicht genügend Information hat, meldet es meistens keine Fehlidentifikation, sondern hält sich zurück, bis die Person so nahe ist, dass genügend Kenngrößen sicher sind. Die Gesichtserkennung erfolgt dann schlagartig und ist fast immer richtig. Computer haben diese erstaunliche Treffsicherheit bis heute noch nicht erreicht.

Beim Entstehen neuer Strukturen im Universum kann ebenfalls ein Muster ausgemacht werden. Im Beispiel der Sternentstehung wurde dargestellt, wie sich aus einer chaotischen Mischung von ursprünglichem Gas und ausströmender Schlacke alter Sterne erdähnliche Planeten bilden können. Das Muster »Entstehung von Neuem« ist nicht ein räumliches Muster wie die vorherigen Beispiele, sondern eine zeitliche Abfolge. Neues entstand im Universum auf viele Arten und entsteht weiterhin. Mehrere Male hat sich das ganze frühe Universum gewandelt und neue Materiezustände angenommen, später entstanden Galaxien, Sterne, Planeten und das Leben. Das Muster ist keineswegs in jedem Vorgang enthalten, so sind zum Beispiel ganze Zweige der biologischen Entwicklung ausgestorben und scheinen evolutionäre Sackgassen gewesen zu sein. In diesem Fall ist natürlich nicht auszuschließen, dass gerade das Aussterben einer Tiergattung die notwendige Bedingung für das Entstehen einer neuen Art war. Das Muster wäre dann in einem größeren Rahmen dennoch erkennbar.

Die Ereignisse von Karfreitag und Ostern sind nochmals eine große Stufe komplexer. Was schließlich die Weltgeschichte veränderte, war geprägt von der Betroffenheit der Jünger Jesu. Sie nahmen das Geschehen auf der partizipatorischen Ebene und in einer bereits vorher schon bestehenden persönlichen, subjektiven Beziehung wahr. Auch auf dieser Wahrnehmungsebene gibt es Muster. Sie unterscheiden sich als solche nicht grundsätzlich von den bisherigen naturwissenschaftlichen Beispielen. Aus der Abfolge eines bestimmten Ereignisses lässt sich ein »Bildinhalt« herausschälen, der als kognitives Muster für andere dienen kann. Der Inhalt des Karfreitag-Geschehens ist die gewaltsame Vernichtung und Auslöschung der Person Jesu, gefolgt von Ostern und den nachösterlichen Erscheinungen, in denen Jesus seinen Anhängerinnen und Jüngern in neuer Form[57] erschien. Durch die folgenden Grundzüge könnte man es als Musterbeispiel charakterisieren:

1. Die verworrene und chaotische Situation von Karfreitag, aus der es keine »lineare« Fortsetzung und keinen Ausweg gibt.
2. Die unerwartete und unvorhergesehene Auferstehung Jesu an Ostern.
3. Die Kontinuität von Alt zu Neu, indem Jesus als Person wiedererkannt wird und sein neuer Leib noch die Wundmale der Kreuzigung trägt.
4. Ansatzweise war das Neue schon vor Ostern wahrzunehmen, besonders deutlich im Rückblick aus der nachösterlichen Perspektive.
5. Das Neue ist nicht ein vorübergehendes Feuerwerk, sondern hat die Eigenschaft von Bleibendem und Zukünftigem. Es ist eine neue Ordnung – vor allem auch im Leben der Urchristen –, welche sich inmitten der alten Strukturen aufrichtet.

Der erste Grundzug des Musters scheint in der Wirklichkeit zunächst vielleicht leichter erkennbar zu sein als die folgenden. Es zerfallen politische Großreiche und ganze Kontinente, Himmelskörper, ja sogar das Universum. Unser eigenes Leben wird ein Ende haben. Die Möglichkeit globaler Katastrophen ist uns bewusst geworden, und diffuse Untergangsängste im Blick auf das neue Jahrtausend liegen in der Luft. In einem neugeborenen Kind kann der zweite Grundzug des Musters erkannt werden. Obwohl seit Monaten erwartet, tritt es als Überraschung ins Leben der Eltern. Aus den vielleicht noch nicht alten, aber zum Untergang bestimmten Genen der Eltern entstand eine neue Kombination, die einen bleibenden Platz in ihrem Leben beansprucht. Andere Beispiele sind politische Lösungen von Kriegen, unerwartete wissenschaftliche

[57] »Jesus kam, als die Türen verschlossen waren, trat in ihre Mitte und sprach: Friede sei mit euch!« (Johannes 20,26).

und technische Durchbrüche. Das Muster von Leiden, Zerfall und Tod, gefolgt von Neuem, von Leben und Aufbruch, wird auch in persönlichen und biographischen Bereichen erlebt. Die Literatur kennt viele Geschichten tragischer Beziehungen, die in Enttäuschung, Schuld oder Verzweiflung endeten, aus deren Trümmern aber ein hoffnungsvoller Neuanfang entstand.

Die gegebenen Beispiele veranschaulichen auch die Grundzüge drei und vier. So existiert die Organisation der Gene eines Kindes bereits als Teile in den elterlichen Genen. Kinder übernehmen auch geistiges, soziales und materielles Erbe von den Eltern und bewirken damit eine Kontinuität zwischen den Generationen. Zur Illustration von Punkt vier lässt sich anmerken, wie politische Neuerungen oft schon lange vor ihrem Durchbruch gegenwärtig sind.

Nicht alles, was entsteht, ist wirklich neu. Vieles ist nur anders oder verschwindet wieder, ohne Spuren zu hinterlassen. Der fünfte Grundzug enthält als Wertmaßstab einen zukünftigen Zustand. Nur was auf diesen zustrebt und somit Dauer hat, ist wirklich neu. Was keine Zukunft hat, weil es dieser Entwicklung zuwiderläuft, ist vorübergehend und damit nur scheinbar neu. Das wirklich Neue weist auf ein Ziel; es ist ein Teil einer Gesamtentwicklung und daher sinnvoll.

Die Übereinstimmung der Probe mit dem Muster ist zunächst eine Frage der zulässigen Toleranz und nur in technischen und naturwissenschaftlichen Fällen exakt nachprüfbar. Auf der Ebene von Beziehungen zwischen Subjekt und Objekt kommt eine Wertung der Vorgänge hinzu. Ein Muster kann die Wahrnehmung schärfen und den Blick für Zusammenhänge öffnen. Falls sie nicht zu starren Vorurteilen degenerieren, helfen Muster auch bei der Deutung von Wahrnehmungen sowohl auf der objektiven Ebene von Technik und Naturwissenschaft wie auch auf der Ebene der Werte und Beziehungen. Mit Erklärungsmustern ordnen wir unsere vielfältigen Sinneseindrücke.

Metaphern ersetzen Begriffe

Einen bildhaften Ausdruck, der das eigentlich Gemeinte ersetzt, nennt man auch *Metapher* nach dem griechischen Wort *metaphorá* (Übertragung). Zur Metapher eignet sich jeweils ein besser bekannter Begriff aus einem anderen Bedeutungsbereich. Die bildhafte Übertragung weckt gewisse Assoziationen und betont bestimmte Aspekte der Wahrnehmung. Metaphern eignen sich auch zum Beschreiben und Erklären religiöser Wahrnehmungen, denn sie erhellen, was nicht wirklich in Worte zu fassen ist, oder füllen eine Lücke, für die es keine Worte gibt.[58]

Astrophysiker assoziieren zum Beispiel mit dem Begriff »Sternentwicklung« Beobachtungen bestimmter Molekülwolken in Hunderten von Lichtjahren Entfernung, Gleichungen der Magnetohydrodynamik und der Kernfusion, oder sie denken an ähnliche Vorgänge bei der Entstehung von Galaxien. In einem Gedicht hingegen könnte die Sternentwicklung eine Metapher sein für Werden und Vergehen unserer eigenen Existenz. In Vorträgen vor breitem Publikum stelle ich fest, dass Laien die naturwissenschaftlichen Resultate sofort auch als Bild aufnehmen für eine Wirklichkeit, die sie selber mit einschließt und die auf einer anderen Ebene wahrgenommen wird. Diese andere Wirklichkeit lässt sich nicht vollständig in Begriffe fassen und kann nur andeutungsweise und in Bildern mitgeteilt werden.

Muster und Bilder sind zu unterscheiden. Am Beispiel der Mustererkennung mittels Computer ist leicht einzusehen, dass ein Muster nur in gleichwertigen Daten und auf der gleichen Ebene wiedererkannt werden kann. Mit dem Entstehen eines neuen Sterns aus ungeordnetem interstellarem Material wurde in Kapitel 1.4 ein Muster beschrieben mit gewissen Ähnlichkeiten zum Karfreitag-Ostern-Muster. Sind diese beiden Muster vergleichbar? Im naturwissenschaftlichen Bereich

[58] Metaphern sind zentrale Elemente der theologischen Sprache, wie z. B. H. Weder in: *Neutestamentliche Hermeneutik*, Zürich 1988, betont.

des ersten Musters entfallen subjektive Wahrnehmungen und die emotionale Antwort auf das Wahrgenommene, wie zum Beispiel das Mitleiden. Die beiden Muster decken sich also nicht vollständig. Insbesondere spannt das naturwissenschaftliche Muster, »Entstehung von Neuem«, bei weitem nicht das ganze Karfreitag-Ostern-Geschehen auf. Das erwähnte Muster enthält aber als Bild gewisse Elemente und Analogien dieses Geschehens.

Das Muster der Entstehung von Neuem könnte eine Metapher sein für Karfreitag und Ostern. Voraussetzung dafür ist unter anderem, dass die Metapher genügend bekannt ist. Dass die Entstehung von etwas qualitativ Neuem wie zum Beispiel von Leben auch naturwissenschaftlich noch voller Rätsel ist, stört hier nicht und passt zur Sache, die sie veranschaulichen soll. Das Phänomen des Neuen, das unter chaotischen Umständen entsteht, lässt sich bildlich durchaus in den Bereich der existentiellen Krisen und Entwicklungen übertragen: *Ostern ist wie die Entstehung des Lebens auf der durch Meteoriten und Kometen bombardierten und von Vulkanen verwüsteten frühen Erde.*

Machen wir uns den Unterschied zwischen Mustern und Metaphern noch an einigen Beispielen klar. In einem *Muster* wiederholt sich ein Schlüsselbeispiel auf derselben Ebene. Probe und Vorlage sind wesensverwandt. Im zeitlichen Muster ereignet sich immer wieder derselbe Ablauf auf ähnliche Art. Bei Personen spricht man von Verhaltensmustern. Auch in der Evolution der Arten, in der Soziologie und in der Geschichte gibt es zeitliche Muster. Das Entstehen von Neuem ist ein Muster auf der Ebene der Naturwissenschaften.

Eine *Metapher* hingegen soll den Blick öffnen für Ähnlichkeiten auf verschiedenen Ebenen. Eine Supernova zum Beispiel, in der ein alter Stern einen Großteil seiner Masse wieder ins interstellare Gas zurückgibt und damit eine neue Generation von Sternen ermöglicht, kann eine Metapher sein für Eltern, die Lebensenergie und Besitz an ihre Kinder weitergeben. Im Gegensatz zum Muster klärt das metaphorische Bild nicht die Ursache des Vorgangs auf. Das selbstlose Handeln der Eltern etwa, sei es reine Nächstenliebe oder durch die Evolution geprägter Instinkt, hat nicht die gleichen Ursachen und kann nicht durch ähnliche Gleichungen beschrieben werden wie eine Supernova. Metaphern können einen unklaren Sachverhalt in ein anderes Licht rücken, ihn aber nicht erklären. Angewandt auf die naturwissenschaftlichen Erkenntnisse über die Entstehung von Neuem heißt das: Sie können die irrationale Hoffnung auf etwas Neues rational verständlich machen, sei es dem Glaubenden oder dem Außenstehenden. Die naturwissenschaftliche Welt vermittelt selbst noch keine Hoffnung, hält aber als Metapher einen Raum frei für sie.

Zeit und Hoffnung

Die Astrophysik des 20. Jahrhunderts hat eine Sicht der Wirklichkeit enthüllt, die einen atemberaubenden Zeitverlauf zeigt mit unvorstellbaren Veränderungen im Universum seit dem Urknall und der Entstehung der Erde bis zu den beunruhigenden Aussichten der fernen Zukunft. Die Naturwissenschaften haben den Menschen aus dem Zentrum des Kosmos verdrängt. Als eigentliche »Kränkung« des Menschen empfinde ich aber nicht das kopernikanische Weltbild und alle weiteren Einsichten, die ihn im Verhältnis zum Universum immer unbedeutender machten, sondern die lineare und unerbittlich vorwärts schreitende Zeit. Vorstellungen aus archaischen und östlichen Kulturen einer periodischen Erneuerung der Welt, einer ewigen Wiederkehr und zyklischen Zeit passen nicht zum Weltbild der heutigen Naturwissenschaften. Der Mensch wurde nicht nur räumlich aus dem Zentrum verdrängt, auch an der Zeit hat er nur einen verschwindend kleinen Anteil. Er steht weder am Ende noch außerhalb der Entwicklung. Damit verbunden ist die Kränkung – welch beschönigende Umschreibung – durch den eigenen Tod und die kosmische Geschichte, die über weite Strecken nicht Fortschritt, sondern Zerfall bedeutet.

In dieser zerfallenden Welt entstanden aber auch immer wieder neue Strukturen und Ordnungen, die nicht voraussehbar und höchstens im Keime zu erahnen waren. Im neuen Weltbild der Naturwissenschaft entfaltet sich der Kosmos aus elementaren Teilchen in einer faszinierenden Folge von Entwicklungssprüngen.

Ist diese innovative Vergangenheit ein naturwissenschaftlicher Grund zur Hoffnung? Auf Grund der vergangenen Entwicklung lässt sich nicht zwingend eine günstige Zukunft für die Menschheit oder gar das Individuum ableiten. Zwar hat sich im Universum mindestens auf einem Planeten, der Erde, eine Umwelt ausgebildet, die Leben ermöglicht, und die biologische Evolution hat sich bis hin zum Menschen entfaltet. Doch ist Optimismus fehl am Platz, wenn nicht die unsäglichen Opfer dieser Entwicklung und ihre Irrwege und Sackgassen ausgeblendet werden sollen. Sämtliche Zukunftsprognosen, gelten sie für Lebewesen, Planeten, Sterne, Galaxien oder das Universum, sehen letztlich einen Zerfall. Die Sonne wird erkalten, die Erde wird sich im Raum verlieren, und sogar die Materie des Universums wird radioaktiv zerfallen. Es ist zwar durchaus denkbar, dass auch in Zukunft etwas Unerwartetes entstehen könnte, das genauso neu ist wie damals das Leben auf der Erde vor vier Milliarden Jahren. Solche Art von Neuem lässt sich allerdings nicht voraussagen, denn die globalen Entwicklungen sind nichtlinear und chaotisch. *Es gibt keine naturwissenschaftlich beweisbare Hoffnung.*

Ein Naturwissenschaftler könnte die Achseln zucken und darauf hinweisen, dass Ungewissheit nun einmal zur offenen Zukunft gehört. Wir wollen aber nochmals die Seite wechseln und der Frage nachgehen, woher denn der christliche Glaube seine Hoffnung bezieht. Hoffnung kann nur in einem Vertrauensverhältnis wachsen. Dieses Vertrauen ist ein bestimmtes Vorwissen, mit dem ein Mensch seiner Zukunft entgegentritt. Es fußt auf einer Beziehung zwischen dem Subjekt und der Welt. Aufgrund dieser Beziehung wird eine andere Wirklichkeit wahrgenommen als mit der naturwissenschaftlichen Methode. Hoffen, Vertrauen und Glauben können letztlich nicht auf Dogmen oder metaphysischen Konstruktionen gründen, sondern müssen mit eigenen Wahrnehmungen einiggehen.

Auch das Christentum postuliert nicht optimistisch, die Entwicklung der Welt sei ein Fortschritt zum Guten und Vernünftigen. Das letzte Buch der Bibel, die Offenbarung des Johannes, drückt dies in apokalyptischen Visionen aus. Seine Hoffnung ist nicht mehr die Verschonung vor der Krise, sondern das Entstehen von Neuem. Die Hoffnung ist auf die göttliche Dimension der Zeit, nämlich ihre Kreativität, gerichtet. Die Ich-bin-Worte des Johannesevangeliums enthalten die hoffnungsvolle Verheißung, dass die Krise – sei es Hunger, Durst, Orientierungslosigkeit oder Tod – überwunden wird, ohne aber anzugeben, wie das konkret vor sich gehen wird. Es fällt uns heutigen, naturwissenschaftlich denkenden Menschen nicht leicht, eine Hoffnung zu akzeptieren, die sich mit dem puren Dass begnügen muss.[59] Aber wie beim Begriff der Schöpfung muss auch bei der Hoffnung das naturwissenschaftliche Wie in den Hintergrund treten.

Im Neuen Testament orientiert sich die Hoffnung an den umwälzenden Ereignissen von Karfreitag und Ostern.[60] Was damals stattfand, so die Hoffnung, wird sich auf ähnliche Weise wieder ereignen. Das Ereignismuster von Krise und Erlösung hat ein geschichtliches Beispiel, an dem die Hoffnung jederzeit gemessen werden kann. Es ist nicht verwunder-

[59] Auch das naturwissenschaftliche Muster »Entstehung von Neuem« begründet die christliche Hoffnung nicht, kann sie aber als Metapher verständlich machen.

[60] Paulus bezeichnete in 1 Korinther 15, 12–19 ausdrücklich die Auferstehung des Christus als Basis der christlichen Hoffnung.

lich, wenn Christen immer wieder darauf zurückgreifen. Dort wird auch der transzendente Grund der Hoffnung deutlich, einer Hoffnung scheinbar wider die Natur und wider die Vernunft. Dieses Beispiel ist das Muster für Hoffnung im Kleinen wie im Großen. Christen hoffen auf nicht weniger als das Neue in einer Welt des Todes und der erbarmungslosen Evolution, in religiöser Sprache: auf eine neue Schöpfung.

Es ist vielleicht gut, daran zu erinnern, dass keine objektiv gesicherten Fakten zum Osterereignis vorliegen (Kapitel 3.4). Das Karfreitag-Ostern-Muster war schon immer das Element einer anderen Wahrnehmungsebene. Es ist jene partizipatorische Ebene, wo Subjekt und Objekt in eine gegenseitige Beziehung treten und ein Ganzes bilden. Das Muster und damit auch die Hoffnung sind aus diesem Grund nicht objektivierbar. Die christliche Hoffnung folgt nicht aus einer von der betrachtenden Person unabhängigen Deutung des Naturgeschehens und kann nicht physikalisch begründet werden. Vielleicht gehört es zur menschlichen Freiheit, dass Hoffnung nicht zwingend ist, sondern eher wie ein Geschenk, das man annehmen kann oder nicht. Hoffnung ist keine abstrakte Idee, denn schließlich wirkt Hoffnung auch auf die Person zurück und will nicht weniger als die Befindlichkeit des menschlichen Lebens verändern.

Wie kommt es zu dieser Hoffnung? In der Hoffnung drückt sich religiöse Erfahrung auf der Ebene des Glaubens aus. Diese Erfahrung hat sich ursprünglich aus Elementen sinnlicher Wahrnehmungen gebildet, schließt jedoch auch beziehungshafte, »innere« Wahrnehmungen in traumartigen Visionen, Ganzheitserlebnisse oder plötzliche Durchblicke bei hellwachem Bewusstsein ein. Ich erlebe sie ansatzweise in ruhigen Momenten des Alltags, wenn im vordergründig Normalen für kurze Zeit plötzlich eine intensive Beziehung besteht. Das überlieferte Muster hilft, diese Wahrnehmungen zu suchen und einzuordnen. Lebe ich mit Hoffnung, so nehme ich die Zeit nicht nur als Folge kausaler oder zufälliger Vorgänge und als unendlich kurze Gegenwart wahr. Vielmehr kommt die erwartete Zukunft ins Blickfeld, und die Zeit erhält eine Dauer. Es ist die Dauer des Wartens, bis das Neue eintrifft. Beim aufmerksamen Warten entdecke ich bisweilen Vorboten und Anzeichen des zukünftigen Neuen. Diese Art der Wahrnehmung verlangt Geduld und ist bereit, sich auf eine wechselseitige Beziehung zur Wirklichkeit einzulassen.

Jesus sagt:
Ich bin das wahre Neue.
Wer auf mich vertraut,
hat teil am Sinn des Ganzen
trotz Zerfall und Tod,
auch wenn die Sonne verglühen,
die Erde sich im Raum verirren
und das Universum zerstrahlen wird.

Danksagungen

Wenn ein Astrophysiker über Gräben springt, die seine eigene Gelehrsamkeit umgeben, ist er froh um jede Hilfe. Von Herzen danken möchte ich dem Theologen Herrn Prof. Dr. Samuel Vollenweider. Während zahlloser Gespräche mit ihm über Natur- und Neutestamentliche Wissenschaft habe ich wichtige Einsichten gewonnen. Zu herzlichem Dank verpflichtet bin ich auch Elisabeth Benz, Walter Fesenbeckh, Maja Pfaendler, Alfred Ringli, meinen naturwissenschaftlichen Kollegen, Prof. Dr. K. Dressler und Prof. Dr. Hans Moor, sowie den Theologen und Religionswissenschaftlern Prof. Dr. Hans-Peter Hasenfratz, Dr. Markus Huppenbauer, Dr. Peter Suchla und Prof. Dr. Hans Weder. Sie alle haben frühe Versionen des Manuskripts durchgelesen und wertvolle Anregungen gemacht. Wichtige Denkanstösse habe ich auch im ökumenischen Arbeitskreis für Schöpfungstheologie in Luzern und in der Arbeitsgemeinschaft Natur-Wissenschaft-Gott der Evangelischen Studiengemeinschaft Zürich erhalten.

Namen- und Sachverzeichnis